一分钟爱 十分努力

天才就是强烈的兴趣和执着的入迷

主编 拾 月
编著 马志阳

图书在版编目（CIP）数据

一分钟爱　十分努力：天才就是强烈的兴趣和执着的入迷 / 马志阳编著. -- 北京：现代出版社, 2015.4（2024.12重印）
ISBN 978-7-5143-3523-1

Ⅰ. ①一…　Ⅱ. ①马…　Ⅲ. ①成功心理－青少年读物　Ⅳ. ①B848.4-49

中国版本图书馆 CIP 数据核字(2015)第 067939 号

一分钟爱　十分努力：天才就是强烈的兴趣和执着的入迷

主　　编　拾　月
编　　著　马志阳
责任编辑　王敬一
内文制作　诚美天下文化传播有限公司
出版发行　现代出版社
地　　址　北京朝阳区安外安华里 504 号
邮　　编　100011
电　　话（010）64267325
传　　真（010）64245264
邮　　箱　xiandai@cnpitc.com.cn
网　　址　www.1980xd.com
印　　刷　唐山富达印务有限公司
开　　本　700mmx1000mm　1/16
印　　张　9
版　　次　2015 年 5 月第 1 版　2024 年 12 月第 4 次印刷
书　　号　ISBN 978-7-5143-3523-1
定　　价　57.00 元

前言

青少年是社会最宝贵的财富，是人类的希望和未来，正所谓“少年强则国强”。正因为如此，大至一个国家、一个民族，小至一个家庭、一个家族，都特别重视青少年的教育问题。希望他们成为社会的中坚，家族的骄傲。一句话，就是希望他们成为成功的人。于国，能成为有用的人才；于家，能成为顶梁柱。不仅仅要学习好，还要有辨别人世间的善、恶、美、丑的能力。在每个人的人生中，除了需要自身的因素之外，还需要拥有感受世界的能力。

奋斗、入迷，能够凝结青春的斗志，坚定自己的思想，让青少年变得愈加阳光朝气。

愤怒、恐惧，能够学会操控自己的情绪，让自己无所畏惧的前行。

哀伤、困惑，能够端正青少年人生态度，获得积极的正能量。

时间、低调，能够规划行动，懂得韬光养晦，让人生不在纠结、忧郁中度过。

成就、心态，能够体会到收获的喜悦，修炼出一颗无比强大的内心。

青春，是每一个人最美好的一段时光，也是每个人人格、性格定型的重要阶段，在这个时期，我们需要享受青春的快乐，同时也需要完成自我塑造。通过心理自助，最终从一个小男生、小女生逐渐成长为一个有着健全人格的人，成长为一个对社会、对家庭、对自我有着相对完整认知的人，成长为能够为自己的未来做主的人。这才是一个最充实、最有价值的青春。每个梦想都值得我们认真对待，每个青少年都是未来的希望。在青春之中，我们不仅要有欢乐，同时也要拥有未来！

本丛书是你化解烦恼的“心灵鸡汤”，可以给你增加快乐的心理自助法则；本丛书会让你认识到：掌控心理，方能掌控世界；改变自己，才能改变一切。本丛书还将告诉你：只有实现积极的心理自助，才能收获快乐而充实的青春。

目录

第一篇 摆脱消极，消极心态是入迷的天敌

第二篇 物随心移，好心境才能更专注

第三篇 一心一意，专注才能成功

目录

第四篇 掌握自己，入迷才能做情绪的主人

第五篇 升华心态,品尝生命甘饴的原味

第一篇

摆脱消极，消极心态是入迷的天敌

如果你经历过许多失败，却没有找到客观的原因，也没得到合适的帮助指点，你就可能会滑向消极：“我说过，人是不能相信的。相信人你就倒霉。”“努力有什么用？还是需要后台。我就努力过，可结果呢?”有这种想法的人，说明他已经被消极心态控制了。驾驭自己的消极心态，努力发掘、利用每一种积极的心态，是一个成功者所需的基本素质，也是一个人成功的基本保证。长期生活在以消极失败心态为主的社会里的人，不管他阅历多么丰富，都难以摆脱消极心态的影响。

走出消极，坦对困难

故事话题

一位修士虔诚地信奉着上帝。有一天，他不小心跌入了湍急的河里。修士不会游泳，但他并不着急，因为他相信上帝是不会放弃他虔诚的子民的，上帝一定会救他的。当他刚刚落入河里时，正好有人从岸边经过，如果他喊救命，是能够得救的。但他想上帝会救他的，于是没喊。当河水把他冲到河流中心时，他发现前面有一根浮木，如果他用力挣扎几下，是可能把它抓住的，但他想上帝会救他的，于是继续在水中载浮载沉。

最后，他被淹死了。

修士死后，他的灵魂愤愤不平地质问上帝：“我如此虔诚地信教，你为什么不救我呢?”上帝奇怪地问：“我还奇怪呢!我给了你两次机会，为什么你都没有抓住?”

故事解析

不能一直消极地等待，有了目标，就要立即行动。修士跌入河中，他的目标就是上岸，但要通过怎样的方式上岸呢？有人从岸边经过，他没喊；面前有一根浮木，他不抓住。多好的机会啊，但他没有积极地行动，最终丧失了性命。

所以，当你感觉英雄无用武之地时，不要总是喊：机会!请给我机会！

其实，每个人生活中的每时每刻都充满了机会。你在学校里的每一堂课是一次机会，每一次考试是一次机会，每一个病人对于医生都是一个机会，每一篇发表在报纸上的文章是一次机会，每一个客户是一个机会；每一次商业买卖是一次机会，是一次展示你的优雅与礼貌、果断与勇气的机会，是一次表现你诚实品质的机会，也是一次交朋友的机会。

在这个世界上，生存本身就意味着上帝赋予了你奋斗进取的特权，你要利用这个机会，充分施展自己的才华去追求成功，那么这个机会所能给予你的东西要远远大于它本身。想一想吧，像弗莱德·道格拉斯这样一个连身体都不属于自己的奴隶，尚且能够通过自身的努力最终成为一位杰出的演说家、作家和政治家，那你就更不要说自己没有机会了。

故事穿越

有个美国老太太乘船前往英国，途中忽然碰到狂风暴雨的袭击，船上的人都惊慌失措，朋友却看到老太太非常镇静地在祷告，眼神显得十分安详。风浪过后，朋友十分好奇地问老太太："你为什么一点都不害怕呢？" 老太太说："我有两个女儿，大女儿戴安娜已经去了天堂，小女儿玛利亚就住在英国。刚才风浪大作的时候，我就向上帝祷告：'假如接我去天堂，我就去看看戴安娜；假如留我在船上，我就去看玛丽亚。不管去那儿，我都可以和我心爱的女儿在一起，我怎么会害怕呢？'"

故事微语

“祸兮，福之所倚；福兮，祸之所伏。”在挫折和不幸抑或灾难和恶运降临的时候，我们务必不要被悲观的心态所俘虏。我们固然左右不了外部的世界，但是我们可以把握自己的心态；把握住了自己的心态，就是把握住了一个美丽而安宁的精神世界。

面对困境时的心态是决定我们成功或失败的关键。因此，在困境、挫折眼前，以乐观的心态分析题目，并运用自己的聪明，通过自己的行动来改变现实，这才是真正明智的做法。所以，当我们陷进困境时，及时转变观念，看到题目或者事情的积极面，以积极心态面对题目，从恐慌、痛苦中摆脱出来，就能寻求到自救的办法。乐观的心态，有助于改变现状，摆脱困境，而悲观的心态，于事无补，使结果更加恶化。

每个人的一生都会遇到诸多的不顺心，个性悲观消极的人在遇到困境时，看不到前途的光明，抱怨天地的不公，甚至破罐子破摔，在精神上垮掉；而个性积极乐观的人在遇到困境时，能够泰然处之，认定活着就是一种幸福，无论是顺境还是逆境，都一样从容安静，积极寻找生活的快乐，不浪费生命的一分一秒，于黑暗之中向往光明，在精神上永远不会垮掉。

心灵箴言

永远以积极乐观的心态去拓展自己和身外的世界。

——曾宪梓

人生的道路都是由心来描绘的。所以,无论自己处于多么严酷的境遇之中,心头都不应为悲观的思想所萦绕。

——[日] 稻盛和夫

体育和运动可以增进人体的健康和人的乐观情绪，而乐观情绪却是长寿的一项必要条件。

——[苏联] 勒柏辛斯卡娅

相信胜利，必定成功

故事话题

这个故事的主人公叫作奥斯卡。1929 年下半年的某一天，他在俄克拉荷马州首府，俄拉荷马城的火车站等候火车准备往东边去。他在气温高达 43℃的西部沙漠地区已经待了好几个月，为一个东方的公司勘探石油。

奥斯卡毕业于麻省理工学院。据说他已把旧式探矿杖、电流计、磁力计、波器、电子管和其他仪器结合成勘探石油的新式仪器。

现在奥斯卡得知，他所在的公司因无力偿付债务而破产了。奥斯卡踏上了归途。他失业了，前景相当暗淡。消极的心态开始极大地影响了他。

由于他必须在火车站等待几小时，他就决定在那儿架起他的探矿仪器用以消磨时间。仪器上的读数表明车站底下蕴藏有石油。但奥斯卡不相信这一切，他在盛怒中踢毁了那些仪器。“这里不可能有那么多石油！这里不可能有那么多石油！”他十分反感地反复叫着。

奥斯卡由于失业的挫折，他深受消极心态的影响。他一直寻找的机会就躺在他的脚下，但是由于消极心态的影响，他不肯承认它，他对自己的创造力失去了信心。

故事解析

对自己充满信心，是成功的重要原则之一。检验你的信心如何，看看在你最需要的时候是否应用了它。奥斯卡在俄克拉荷马城火车站登上火车前，把他用以勘探石油的新仪器毁弃了，他也丢掉了一个全美最富饶的石油矿藏地。

不久之后，人们就发现俄克拉荷马城地下埋有石油，甚至可以毫不夸张地说，这座城就浮在石油上。奥斯卡就成了这个原则的活生生的证明：坚定的心态能吸引财富，失落的心态会排斥财富。

坚定的心态，就是健康心灵的营养，这样的心灵能吸引财富、成功、快乐和健康。失落的心态，却是恶疾心灵的垃圾，这样的心灵，不仅排斥财富、成功、快乐和健康，甚至会夺走生活中已有的一切。

你不可低估失落心态的排斥力量，它能阻止人生的幸运，不让你受益。不要因你的心态而使你成为一个失败者，成功是由那些抱有坚定心态的人所取得的，并由那些以坚定心态努力不懈的人所保持着。

故事穿越

创新工厂首席执行官李开复曾向人们谈及这样一个经历：我刚加入微软公司时，在工作中与同事进行一般的沟通没有问题，但到了比尔·盖茨面前就总是不敢讲话，因为我非常担心自己说错话。

有一天，公司要进行改组，比尔·盖茨召集十多个人开会，要求每个人轮流发言。我当时想，既然一定要讲，那不如把心里话都讲出来。于是，我鼓足勇气说："在我们这个公司里，员工的智商比谁都高，但是我们的效率比谁都差，因为我们整天改组，而不顾及员工的感受和想法。在别的公司，员工的智商是相加的关系。但当我们整天陷在改组'斗争'里的时候，我们员工的智商其实是相减的关系……"

我说完后，整个会议室鸦雀无声。会后，很多同事给我发电子邮件说："你说得真好，真希望我也有你的胆量这么说。"结果，比尔·盖茨不但接受了我的建议，改变了公司这次的改组方案，并在与公司副总裁开会时引用我的话，劝大家开始改变公司的文化，不要总是陷在改组"斗争"里，造成公司的智商相减。

故事微语

有人曾问过李开复这样的问题："自信的标准是什么？您自信的力量来自哪里？"李开复的回答是："自信是一种感受，我不认为有绝对的标准。如果我对自己的认识很充分，能客观评估自己的能力、状况，毫不迟疑地欣赏自己的长处，也开放地接受自己的不足，通过积极学习来拓展自己，这样你就有了自信，与他人的关系也会变得和谐。

"我自信的力量来源很广，其中一部分来自于我的家庭。我的父母很开明，经常鼓励孩子，给我们自由发展的空间。但同时我的家教很严，妈妈要我们诚实，爸爸要我们谦虚实在，这些价值观奠定了我自信的基础。

"自信不是绝对的，而是基于自觉的。当我知道我能够做到什么，我的自信就是一种基于理性的判断，而不是感性的自我膨胀。如果没有自觉，高估了自己的能力，以后你的每一个失败都会给自己带来很大的损失。所以你不要把自己的目标设定得高不可攀，要定在一个合理的地步。"

李开复说，许多人在学业和事业受挫之后，总是习惯性地把挫折归结为自身潜质的不足。其实，即便是那些灰心丧气的人，身体里也蕴藏着巨大的潜能，而且是远远超出常人想象的潜能。遗憾的是，潜能的主人并没有意识到，或者意识到了，却不知该如何释放这些能量。

与之相反，那些特别乐观、特别自信的人，总能从自身找到前进的动力，总能设法让自己身体里的潜能充分发挥出来。也就是说，从他们自身的潜能，到他们在学习、工作和生活中表现出来的能力，在这个映射中找到隐藏了的神奇力量。

心灵箴言

信心是命运的主宰。

——[美] 海伦·凯勒

一个人是否有成就，只要看他是否具有自尊心和自信心这两个条件。

——[古希腊] 苏格拉底

只有满怀自信的人，才能在任何地方都怀有自信，沉浸在生活中，并认识自己的意志。

——[苏联] 高尔基

积极生活，莫让沮丧取代热心

故事话题

故事来自美国南方的一个州，过去那里用烧木柴的壁炉来取暖。那儿住着一个樵夫，他给某一户人家供应木柴达两年多之久。这位樵夫知道木柴的直径不能大于18厘米，否则就不适合那户人家特殊的壁炉。

但是，有一次，他给这个老主顾送去的木柴大部分都不符合规定的尺寸。

主顾发现这个问题后，就打电话给他，要他调换或者劈开这些不合尺寸的薪柴。

“我不能这样做!”这个樵夫说道，“这样所花费的工价就会比全部柴价还要高。”说完，他就把电话挂了。

这个主顾只好亲自来做劈柴的工作。他卷起袖子，开始劳动。大概在这项工作进行了一半时，他注意到一根非常特别的木头，这根木头有一个很大的节疤，节疤明显地被人凿开又堵塞住了。这是什么人干的呢?他掂了掂这根木头，觉得它很轻，仿佛是空的。他就用斧头把它劈开了，一个发黑的白铁卷掉了出来。他蹲下去，拾起这个白铁卷，把它打开，吃惊地发现里面包着一些很旧的50美元和100美元两种面额的钞票。他数了数恰好有2250美元。很明显，这些钞票藏在这个树节里已有许多年了。这个人唯一的想法是使这些钱回到它的真正的主人那里，于是他抓起电话听筒，又打电话给那个樵夫，问他从哪里砍了这些木头。这位樵夫消极的心态维护着他的排斥力量。

“那是我自己的事。”这个樵夫说，“如果你泄露了你的秘密，别人会欺骗你的。”对方尽管做了多次努力，还是无法获悉这些木头是从哪里砍来的，也不知道是谁把钱藏在树内。

故事解析

这个故事的要点并不在于讽刺，而在于说明：具有积极心态的人发现了钱，而具有消极心态的人却不能。可见，好运在每一个人的生活中都是存在的，然而，以消极的心态对待生活的人却会阻止好运造福于他。只有具有积极心态的人才会抓住机会，甚至从厄运中获得利益。

看不到将来的希望，就激发不出现在的动力。消极会摧毁人们的信心，使希望泯灭。消极就像一剂慢性毒药，吃了这副药的人会慢慢变得意志消沉，失去任何动力，成功就会离保持消极的人越来越远。

故事穿越

约翰·格里尔是一匹著名的良种赛马，它曾经取得过许多次赛马比赛的好成绩。它，被认为是1902年7月的比赛中的种子选手。事实上，它的确是很有希望获胜的，它被精心地照料、训练，并被广告宣传为唯一能击败在任何时候都占优势的赛马“战斗者”。

1902年7月在阿奎德市举行的德维尔奖品赛中，这两匹马终于相遇了。那天是一个极为庄严隆重的日子，万众瞩目着起跑点。当这两匹马沿着跑道并列跑时，人们都清楚“格里尔”是在同“战斗者”做殊死的搏斗。跑了四分之一的路程，它们不分高低，跑了一半的路程，跑了四分之三的路程，它们仍然不分高低。在仅剩八分之一的路程的地方，它们似乎还是齐头并进。

然而就在这时，"格里尔"使劲向前窜去，跑到了前面。

这时是"战斗者"骑手的危急关头，他在赛马生涯中第一次用皮鞭持续地抽打着坐骑。"战斗者"的反应是这位骑手似乎在放火烧它的尾巴，它就猛冲到前面，同"格里尔"拉开距离，相比之下"格里尔"好像静静地站在那儿一样。比赛结束时，"战斗者"比"格里尔"领先七个身长。

"格里尔"原是一匹精神昂扬的马，是一匹很有希望的马。仅是这次经历却把它打败了。将它的隐形护身符从积极翻到了消极的一面，从此消极、悲观、一蹶不振。后来它在一切比赛中都只是应付一下，终于没再获胜。

故事微语

人虽然不是马，但是有格里尔精神的人却大有人在，他们也像格里尔一样，在积极的指导下，也曾经有过辉煌的时刻，但是当他们一遇到挫折，则他们的护身符便由积极翻到消极那一面，他们悲观、失望，看不到希望的灯火，从此一败涂地。

持有消极的人，对将来总是感到失望，在他们的眼中，玻璃杯永远不是半满的，而是半空的。

人们相信会有什么结果，就可能有什么结果。人不可能取得他自己并不追求的成就。人不相信他能达到的成就，他便不会去争取。当一个消极心态者对自己不抱很大期望时，他就会给自己取得成功的能力“嘭”的一声封了顶。他成了自己潜能的最大敌人。

综上所述，消极是失败、颓废、消极的源泉。要想办法遏制这股暗流，不要让你错误的心态，使你成为一个失败者。

心灵箴言

一切的和谐与平衡，健康与健美，成功与幸福，都是由乐观与希望的向上心理产生与造成的。

——[美] 华盛顿

凡事总要有信心，老想着“行”。要是做一件事，先就担心着“怕咱不行吧”，那你就没有勇气了。

——盖叫天

当生活像一首歌那样轻快流畅时，笑颜常开乃易事；而在一切事都不妙时仍能微笑的人，是真正的乐观。

——[德] 威尔科克斯

平和沉静，拭去心灵深处的浮躁

故事话题

三伏天，禅院的草地枯黄了一大片。“快撒些草籽吧，好难看啊！”徒弟说。“等天凉了，”师父挥挥手，“随时。”

中秋，师父买了一大包草籽，叫徒弟去播种。秋风突起，草籽飘舞。“不好，许多草籽被吹飞了。”小和尚喊。“没关系，吹去者多半中空，落下来也不会发芽，”师父说，“随性。”

撒完草籽，几只小鸟即来啄食，小和尚又急了。“没关系，草籽本来就多准备了，吃不完，”师父继续翻着经书，“随遇。”

半夜一场大雨，徒弟冲进禅房：“这下完了，草籽被冲走了。”“冲到哪儿，就在哪儿发芽，”师父正在打坐，眼皮抬都没抬，“随缘。”

半个多月过去了，光秃秃的禅院长出青苗，一些未播种的院角也泛出绿意，徒弟高兴得直拍手。师父站在禅房前，点点头：“随喜。”

故事解析

在这个故事中，徒弟的心态是浮躁的，常常为事物的表面所左右，而师父的平常心看似随意，其实却是洞察了世间玄机后的豁然开朗。

浮躁是人生最大的敌人，无论你要获取幸福快乐，还是要获取成功，你都必须要拭去心灵深处的浮躁。

什么是浮躁？浮躁就是心浮气躁，是成功、幸福和快乐最大的敌人。浮躁深植在我们心灵的最深处，我们的人生因浮躁而虚浮乃至肤浅、平庸。

我们常常心不在焉，我们常常坐卧不宁，我们常常没有耐心做完一件事，我们常常计较自己的得失，我们常常感到身心疲惫，我们常常急于成功……我们到底是怎么了？原因很简单——我们太浮躁了。

做学问也好，办企业也罢，都来不得半点浮躁。一个人浮躁，结果是个人受损；一个企业浮躁，结果是企业破产。只有静下心来踏踏实实做事，才不会被浮躁所左右。针对浮躁而言，“平平淡淡才是真”不失为一句金玉良言。其实，能够影响我们的不是事物本身，而是我们对待事物的态度。我们对待事物的正确态度应该是：平和沉静，脚踏实地；不以物喜，不以己悲。

故事穿越

有一天，一个工人在仓库搬运货物，一不小心把手表弄丢了，到处找不到。后来同伴也加入了寻找的行列，大伙儿翻箱倒柜，仍然一无所获，无奈只好沮丧地回去吃午饭。这时候，有个小男孩偷偷溜进仓库里，没费多少力气和时间，很快就把手表找到了。人们诧异地问他是怎么找到的？小男孩回答道：“我只是躺在地板上，保持安静，马上就听见手表的滴答声了。”

故事微语

偌大的一个仓库，要找一个小小的手表确实不大容易。但是那么多人办不到的事情一个人办到了，大人办不到的事小孩子却办到了，那么多大人费了那么大的劲没有寻到手表，小孩子没费多大的事却轻易地找到了。真是“踏破铁鞋无觅处，得来全不费功夫”！这其中有什么秘诀？其实也十分简单，静心而已。那么多人寻找手表，心急火燎的，慌里慌张，根本就静不下心来，怎么可能达到目的？那个小孩子则完全不同了，他一个人去找，也没有什么人委托他，也不是什么特别的任务，思想上没有什么压力，自然心态平和，能细心观察，冷静思考，终于没有费多大的劲就如愿以偿了。古人说过：“静以修身”、“宁静致远”。人生在世，理想、志气、勇气固然重要。但是，如果没有一点静气，整天慌慌张张，浮躁不安，也是成不了什么大事的。

心灵箴言

夫物芸芸，各复归其根。归根曰静，静曰复命。

——老子

知止而后能定，定而后能静，静而后能安。安而后能虑，虑而后能得。

——《大学》

水静则明烛须眉，平中准，大匠取法焉。水静伏明，而况精神。圣人之心，静，天地之鉴也，万物之镜。

——庄子

正当行事，行为端正增强自信

故事话题

在一座寺庙里，一禅师外出，碰到一位陌生人，畅谈之下，不觉天色已晚，两人因此投宿旅店。半夜，禅师听到房内有声音，就问：“天亮了吗？”

对方回答：“没有，现在仍是深夜。”

禅师心想，此人能在深夜漆黑中起床摸索，一定是见道很高的人，或许还是个罗汉吧？于是就问：“你到底是谁？”

“是小偷！”

禅师：“喔！原来是个小偷，你前后偷过几次？”

小偷：“数不清。”

禅师：“每偷一次，能快乐多久啊？”

小偷：“那就要看偷的东西其价值如何！”

禅师：“最快乐时能维持多久？”

小偷：“几天而已，过后仍不快乐。”

禅师：“原来是个鼠贼，为什么不大大地做一次呢？”

小偷：“你有经验吗？你共偷过几次？”

禅师：“只一次！”

小偷：“只一次？这样‘够’吗？”

禅师：“虽只一次，但毕生受用不尽。”

小偷：“这东西是在哪里偷的？能教我吗？”

禅师一听，就一把抓住鼠贼的胸部，说：“这个你懂吗？这是无穷无尽的宝藏，你将此真正的一生奉献在此事业上，毕生受用不尽，你懂了吗？”

故事解析

一个能正直自信的人，或许他的所作所为遭人忌恨、犯嫉，但是他拥有的是自己行事的准则、对事物的正确看法。这样，虽然他遭人嫉恨，不讨人喜欢，但是真理自在人心，是非曲直也总有分明的时候。直躬而行是胜于曲意而为的。

荣誉、光荣，也常是人们所争取的，但如果没有善行、诤言，却无端受到夸赞，遭人非议，而本身也将心虚不已，感到不安。若是行事正当、无愧于心，对于别人突如其来的批评、毁谤，也自然不会有任何心愧。因为我们的所行所言，皆合乎正道、真理，仰无愧于天、俯不负于地，所以也就无惧。

因此，“无善而致人誉，不如无恶而致人毁”的原因，就在一个问心无愧罢了。

故事穿越

东汉时期名臣杨震一生公正廉洁，用自己的言行书写了自己的名誉。他任荆州刺史时发现王密才华出众，便向朝廷举荐王密为昌邑县令。后来他调任东莱太守，途经王密任县令的昌邑［今山东金乡县境］时，王密亲赴郊外迎接恩师。晚上，王密前去拜会杨震，两人聊得非常高兴，不知不觉已是深夜。王密准备起身告辞，突然他从怀中捧出黄金，放在桌上，说道：“恩师难得光临，我准备了一点小礼，以报栽培之恩。”杨震说：“以前正因为我了解你的真才实学，所以才举你为孝廉，希望你做一个廉洁奉公的好官。可你这样做，岂不是违背我的初衷和对你的厚望？你对我最好的回报是为国效力，而不是送给我个人什么东西。”可是王密还坚持说：“三更半夜，不会有人知道的，请收下吧！”杨震立刻变得非常严肃，声色俱厉地说：“你这是什么话，天知，地知，我知，你知！你怎么可以说，没有人知道呢？没有别人在，难道你我的良心就不在了吗？我决不能因这样的事情毁掉自己的名节啊！”王密听了，顿时满脸通红，羞愧难当，静悄悄地溜走了，消失在沉沉的夜幕中。后来，人们听说此事后，十分敬佩这位品德高尚的清官。杨震的子孙为缅怀其清正德操，取堂名为“四知堂”。

故事微语

杨震一生做人一身正气，做官一尘不染，做事一丝不苟，珍惜自己的名誉，审言慎行，赢得了人们的信任、尊敬与爱戴。他死后虽然家无余资，但儿女、子孙们都能发扬家风，以酒、色、财“三不惑”为诫律。杨震四代人都如此。所以史家称颂杨家“四世清德，海内所瞻”。

做人要正直、做事要正派，堂堂正正，才是立身之本、处世之基。人正不怕影斜，脚正不怕鞋歪，身正心安魂梦稳。品行端正，做人才有底气，做事才会硬气，心底无私天地宽，表里如一襟怀广。襟怀坦荡，光明磊落，就会赢得他人的信赖与尊敬。己不正，何以正人？说话有根有据，有一说一，有二说二，该说的就说，该做的就做，说的都是真话，做的都是正事。心术不正、故弄玄虚、口是心非，用心计，耍手腕，当面一套，背后一套，台上说君子言，台下行小人事，谈何为正。所以，做人一定要走得直，行得正，做得端，一定要问问自己是否正直、公道。

心灵箴言

走正直诚实的生活道路，必定会有一个问心无愧的归宿。

——[苏联] 高尔基

一清如水的生活，诚实不欺的性格，无论在哪个阶层里，即使心术最坏的人也会对之肃然起敬。

——[法] 巴尔扎克

正直的人都是抗震的，他们似乎有一种内在的平静，使他们能够经受住挫折甚至是不公平的待遇。

——[美] 阿瑟·戈森

第二篇

物随心移，好心境才能更专注

你的心态就是你真正的主人。要么你去驾驭生命，要么是生命驾驭你。你的心态决定谁是坐骑，谁是骑师。

物随心转，境由心造，烦恼皆由心生。一个健全的心态比一百种智慧更有力量。在生活中，一个好的心态，可以使你乐观豁达；一个好的心态，可以使你战胜面临的苦难；一个好的心态，可以使你淡泊名利，过上真正快乐的生活。人类几千年的文明史也告诉我们，积极的心态能帮助我们获取健康、幸福和财富。

自我升华，运用心态的力量

故事话题

罗杰·罗尔斯是美国纽约州历史上第一位黑人州长。他出生在纽约声名狼藉的大沙头贫民窟。这里环境肮脏，充满暴力，是偷渡者和流浪汉的聚集地。在这儿出生的孩子，耳濡目染，他们从小逃学、打架、偷窃甚至吸毒，长大后很少有人从事体面的职业。然而，罗杰·罗尔斯是个例外，他不仅考入了大学，而且成了州长。

在就职的记者招待会上，一位记者对他提问：是什么把你推向州长宝座的?面对300多名记者，罗尔斯对自己的奋斗史只字未提，只谈到了他上小学时的校长——皮尔·保罗。

1961年，皮尔·保罗被聘为诺必塔小学的董事兼校长。当时正值美国嬉皮士流行的时代，他走进大沙头诺必塔小学的时候，发现这儿的穷孩子比“迷惘的一代”还要无所事事。他们不与老师合作，旷课、斗殴，甚至砸烂教室的黑板。皮尔·保罗想了很多办法来引导他们，可是没有一个是奏效的。后来他发现这些孩子都很迷信，于是在他上课的时候就多了一项内容——给学生看手相。他用这个办法来鼓励学生。

当罗尔斯从窗台上跳下，伸着小手走向讲台时，皮尔·保罗说：“我一看你修长的小拇指就知道，将来你是纽约州的州长。”当时，罗尔斯大吃一惊，因为长这么大，只有他奶奶让他振奋过一次，说他可以成为5吨重的小船的船长。这一次，皮尔·保罗先生竟说他可以成为纽约州的州长，着实出乎他的意料。他记下了这句话，并且相信了它。

从那天起，“纽约州州长”就像一面旗帜，罗尔斯的衣服不再沾满泥土，说话时也不再夹杂污言秽语。他开始挺直腰杆走路，在以后的多年里，他没有一天不按州长的身份要求自己。51岁那年，他终于成了州长。

故事解析

一个人能飞多高，并非由人的其他因素决定，而是由他自己的心态所制约。我们的心态在很大程度上决定了我们人生的成败。当我们开始运用积极的心态并把自己看成成功者时，我们就已经开始走向成功了。

就职演说中，罗尔斯说："心态值多少钱？心态是不值钱的，它有时甚至是一个善意的欺骗，然而你一旦坚持下去，它就会迅速升值。"

陈安之说过："没有不好的人，只有不好的心态。"人的潜意识对人很重要，做任何一件事情时，都要想着我一定要成功。调动你的潜意识，例如司机开车时，即使和别人聊天，也知道下意识地左右转弯。机会就像命运一样，也是在这个时候被你握在手中的。在与命运的交锋中，我们始终处于活动状态。我们一生的活动无非就是做人做事，也就是说，做人做事的心态将直接决定这场交锋的成败，要能屈能伸，不能太死板，要换种思维方式。

好心态体现在为人处事的每件小事上，体现在生活的点点滴滴里。大家梦寐以求的机会也是无处不在的，它暗藏在生活中的每一个角落里，只要你拥有一个好的心态，便可发现每一个地方都有机会的辉煌在闪耀。

故事穿越

谢利曼年轻时在公司任职，有了经济基础以后便向敏娜求婚，不料敏娜早已和别人订婚。这是他一生中不能挽回的小失败。他便积极从事贸易，更加努力地研究语言学，为发掘特洛伊遗迹而日夜工作。他在经商贸易中获得大笔盈余，业务蒸蒸日上，不久便成为著名的大富翁。但他不因此稍有懈怠，反而更勤奋地学习古希腊和拉丁语，为实现其少年时代之梦想全力以赴。谢利曼说：

“1860 年我所拥有的财富，已经无比丰厚，表示我从少年时一直梦想得到的果实已经成熟了。回想经商之初，生活虽然忙碌紧张，却一刻也不曾忘记特洛伊遗迹，我有决心一定会达成目标。30 多年来，对父亲和敏娜发过的誓言，不久之后将会兑现。

“过去致力于累积财富，以作为实现美梦的基础，现在金钱财力已不成问题，目标已然近在眼前，所有的血汗将不会白流。对于经商贸易我将不再多费心力，我将把后半辈子投入使人美梦成真的行动中。

“要下这样的决心，所遭遇的困难简直一言难尽，虽然一次又一次遭受失败的打击，但我总是咬紧牙关去克服，盼望早日达成目标，完成我用一生做赌注的伟大理想。”

他终于成功了，特洛伊遗迹被挖掘出土，对世界考古学做出了辉煌的贡献。

故事微语

愿不愿意积极生活，这其实是个人的选择。

一旦做了积极的决定，即意味着日常生活中，俯拾即是机会。每一次经验都是全新的开始，可用不同的想法和感觉去体会。面对生活中源源不断的挑战，在取得主动的地位后，便能镇定自若地调兵遣将，决定应对的方式和态度。

你是你自己的指挥官，没有任何人能命令，或以他的意志驱使你。一切主动权皆操之在你。

那些拥有积极心态的人，是积极主动的，他们不仅有选择、拒绝的能力，而且能够担负自己的责任，塑造自己的未来，发挥人性的光辉潜能，也只有这种人才能成为爱因斯坦、摩根、洛克菲勒等大成就者。

而那些具有消极心态的人则是被动消极的，他们的一生碌碌无为，受消极潜意识和本能的盲目驱使，成为一个机械的而非积极主动的人，注定将一无所成。

跨过这些阶段后，所处的环境和人际关系将呈现另一番风貌——这是因为关注这些事的心态已经不同。从此之后，无论是对自己或是和其他人的交往上，由于不再怀抱特定的想法，也不再期待他人的回摄，彼此间的互动关系将更为自然。

心灵箴言

差不多任何一种处境，无论是好是坏，都受到我们对待处境的态度的影响。

——[古罗马] 西尼加

积极的心态,包含触及内心的每件事情——荣誉、自尊、怜悯、公正、勇气与爱。

——[美] 福克纳

态度决定成败，无论情况好坏，都要抱着积极的态度，莫让沮丧取代热心。生命可以价值极高，也可以一无是处，随你怎么去选择。

——[英] 吉格斯

选择积极，取得人生中的主动地位

故事话题

一天，主人把货物装在两辆马车上，让两匹马各拉一辆车。

在路上，一匹马渐渐落在了后面，并且走走停停，主人便把后面一辆车上的货物全放到前面的车上去。当后面那匹马看到自己车上的东西都搬完了，便开始轻快地前进，并且对前面那匹马说：“你辛苦吧，流汗吧，你越是努力干，主人越要折磨你。”

到达目的地后，有人对主人说：“你既然只用一匹马拉车，那么你养两匹马干吗?不如好好地喂一匹，把另一匹宰掉，总还能拿到一张皮吧！”于是，主人便真的这样做了。

故事解析

做一个主动的人，如果你想得到比别人更多的机会，就做一个主动的人；如果你想收获比别人更多的成就，就做一个主动的人；如果你想过上财务自由的生活，就做一个主动的人；如果你想变得更加完善自己，就做一个主动的人。

在生活中，我们到处看得到很多人在能力和外表上都在一个起跑线上，但是因为主动性的不同，他们的成就也往往有很大的差异，一些人过得庸庸碌碌，一事无成，最后只能自怨自艾，感叹自己怀才不遇；而一些人却是顺风顺水，在事业和生活上仿佛如有神助，无往而不利。其实很大程度上这就是主动性的差异造成的结果。

故事穿越

很久很久以前，一位有钱人要出门远行，临行前他把仆人们叫到一起并把财产委托他们保管。依据他们每个人的能力，他给了第一个仆人十两银子，第二个仆人五两银子，第三个仆人二两银子。拿到十两银子的仆人把它用于经商并且赚到了十两银子。同样，拿到五两银子的仆人也赚到了五两银子。但是，拿到二两银子的仆人却把它埋在了土里。

过去了很长一段时间，他们的主人回来与他们结算。拿到十两银子的仆人带着另外十两银子来了，主人说："做得好！你是一个对很多事情充满自信的人，我会让你掌管更多的事情。现在就去享受你的奖赏吧！"

同样，拿到五两银子的仆人带着他另外的五两银子来了。主人说："做得好！你是一个对一些事情充满自信的人，我会让你掌管很多事情。现在就去享受你的奖赏吧！"最后拿着二两银子的仆人来了，他说："主人，我知道你想成为一个强人，收获没有播种的土地，收割没有撒种的土地。但我很害怕，于是把钱埋在了地下。"主人回答道："又懒又无能的人，你既然知道我想收获没有播种的土地，收割没有撒种的土地，那么你就应该把钱存到银行家那里，以便我回来时能拿到我的那份利息，然后再把它给有十两银子的人。我要给那些已经拥有很多的人，使他们变得更富有；而对于那些一无所有的人，甚至他们有的也会被剥夺。"这个仆人原以为自己会得到主人的赞赏，因为他没丢失主人给的那二两银子。在他看来，虽然没有使金钱增值，但也没丢失，就算是完成主人交代的任务了，然而他的主人却不这么认为。他不想让自己的仆人顺其自然，而是希望他们能主动些，变得更杰出些。

故事微语

对于我们来说，顺其自然是平庸无奇的。平庸是你我的最后一条路，为什么有可以选择的路时我们总是选择了平庸呢?如果你不可以在一年之外多弄出一天，那为什么不利用这365天呢?

为什么我们只能做别人正在做的事情?为什么我们不可以超越平庸?不要总说别人对你的期望值比你对自己的期望值高。如果哪个人在你所做的工作中找到失误，那么你就不是完美的，你也不需要去找借口。承认这些并不是你的最佳程度，而千万不要挺身而出去捍卫自己。当我们可以选择完美时，却为何偏偏选择平庸呢?

超越平庸，选择完美，这是一句值得我们每个人一生追求的格言。有无数人因为养成了轻视工作、马马虎虎的习惯，以及对手头工作敷衍了事的态度，终致一生处于社会底层，不能出人头地。

心灵箴言

我相信过，如果怀着愉快的心情谈起悲伤的事情，悲伤就会烟消云散。

——[苏联] 高尔基

体育和运动可以增进人体的健康和人的乐观情绪，而乐观情绪却是长寿的一项必要条件。

——[苏联] 勒柏辛斯卡娅

人生的道路都是由心来描绘的。所以，无论自己处于多么严酷的境遇之中，心头都不应为悲观的思想所萦绕。

——[日] 稻盛和夫

自信，将不可能变为可能

故事话题

有个男孩生性胆怯，因为他天生就有些口吃。其实并不严重，但他却长期地生活在自卑的阴影之中，脑海时时浮现朋友轻蔑的眼神和自己在课堂上的尴尬场面，耳畔时时响起同学们的嘲笑声，长此以往，他的缺陷愈发明显。虽然他的声音很动听，有一个当广播员或是演讲家的美好愿望。私底下，在准备很充分情况下，在不紧张时他的表现的确非常好，几乎听不出他的缺陷。如果他主动告诉别人，别人会显出很惊讶的表情，说：“不会吧，我怎么没听出来呢？你演讲得很不错啊！你在重要场合是怯场吧？”的确，每当他站在演讲台上时，面对台下无数双眼睛时就会控制不住自己，结结巴巴。因此，他错过了很多发展的机会。为此他感到很痛苦，觉得人生对他很不公平。

后来，在一位好友的引荐下，他去拜访了一位成功的长者。他把内心的苦恼倾诉给那位长者，然后恳求道：“您在我认识的人中，是最有才智的一位，您可以给我指条成功的路吗？”长者微笑地听着，道：“对自己说，我能行。”

男孩犹豫了一下，缓缓开口说：“我能行。”长者说：“用心再说一遍。”男孩顿了顿，大声说着：“我能行。”长者说：“再来一遍。”突然，男孩用劲大喊了一句“我能行！”

此后，那个男孩终于克服了自己的缺陷，屡屡在学校的演讲比赛中获奖，学习成绩扶摇直上，最终如愿以偿地考取了广播学院，实现了自己的理想。

故事解析

人生中，“不可能”这个词语，只是一个人给自己找的一个放弃的理由。要相信不同的做法就会有不同的结果，没有人类做不到的事情。其实，在生活中，常常听到“不可能”之类的话语，主要原因就是：遇到困难与挫折时不敢去闯，认为自己不行，不可能做好这件事，所以就选择了放弃。如果你一旦改变这种想法，始终对自己说：“我肯定会做到，而且还会做的很好，因为我相信没有做不到的事情”。那么你已经从此对“不可能”说再见了，你的人生中就不会出现“不可能”这三个字了。

要想让别人肯定你，首先得自己肯定自己，自信一切都难不倒你，你面前的所有障碍你都能轻轻地拂去，如同掸掉一网丝一般。不要轻易否定自己的能力，不要为自己的心灵设限，时常告诉自己“我能行！”

故事穿越

在克林顿当政期间，布鲁金斯学会推出一个题目：请把一条三角裤推销给现任总统。8年间，无数的学员为此绞尽脑汁，最后都无功而返。克林顿卸任后，该学会把题目换成：请把一把斧子推销给布什总统。而且布鲁金斯学会许诺，谁能做到，就把刻有“最伟大的推销员”的一只金靴子赠予他。

推销出去的结果让每一个学员心动，可是许多学员对此毫无信心，甚至认为，现在的总统什么都不缺，再说即使缺少，也用不着他们自己去购买，把斧子推销给总统根本就是一件不可能的事。

然而，这件很多人认为不可能的事，却被一个叫乔治·赫伯特的推销员做到了。这个推销员也没有什么特别的本领，惟一不同的是他对自己很有信心，他认为把一把斧子推销给总统完全有可能。因为他了解到，布什总统有一个农场，里面长着许多树。

乔治·赫伯特信心百倍地给小布什写了一封信。信中说：有一次，有幸参观了您的农场，发现种着许多矢菊树，有些已经死掉，木质已变得松软。我想，您一定需要一把小斧子，但是从您现在的体质来看，小斧子显然太轻，因此你需要一把不甚锋利的老斧子，现在我这儿正好有一把，它是我祖父留给我的，很适合砍伐枯树……

事情的结果是怎样的呢？后来，乔治收到了布什总统 15 美元的汇款单，并获得了一只刻有“最伟大的推销员”的一只金靴子。

当乔治在接受布鲁金斯学会的表彰时，学会说：金靴子奖已经空置了 26 年。26 年间，布鲁金斯学会培养了数以万计的推销员，造就了数以百计的百万富翁。但是，这只金靴子之所有没有授予那些有成就之人，是因为我们一直想寻找一个这样的人，这个人不一定会有很高的推销能力，这个人不一定是所有人中的佼佼者，重要的是，这个人不会因为有人说某一个目标不可能实现而放弃它，不因某件事情难以办到而失去应有的自信。

故事微语

大多时候，很多事情证明，“不可能”的事情只是暂时的，只是人们还没有找到解决它的办法而已。所以，亲爱的青少年朋友，当你遇到难题时，永远不要让“不可能”束缚了自己的手脚。有时候，只要再勇敢地向前迈一步，再坚持一下，再多给自己一点信心，也许“不可能”就会变成“可能”。因为成功者之所以会成功，就是因为他们对“不可能”多了一份不肯低头的韧劲和执着。

每个青少年都有自己的梦想，其成功与否，操之在己。虽然，实现梦想这条路很艰难，但是，只要心存希望，手握自信，永远不说“放弃”，永远不说“我不能”，你就一定可以实现自己的梦想！

心灵箴言

能够使我飘浮于人生的泥沼中而不致陷污的，是我的信心。

——[意] 但丁

哥伦布发现了一个世界，却没有用海图，他用的是在天空中释疑解惑的“信心”。

——[美] 桑塔雅娜

一个人面对正当之事物，从正当的时机，而且在这种相应条件下感到自信，他就是一个勇敢的人。

——[古希腊] 亚里士多德

不激不奋，激励可以改变心态

故事话题

有一个名叫亨利·伍德的年轻人，刚开始做推销员。一天他对老板说："我不干啦！"

"怎么回事？亨利。"老板问道。

"我不是干推销员的料，就这么回事！我总是不成功，我不想再干了。"

出乎意料的是，老板对他说："如果我没看错人，你的确是干推销员的好料子。我向你保证，亨利·伍德：现在你马上离开这里，当你晚上回来的时候，你争取到的订单一定比你这一生中任何一天所争取到的还要多。"

亨利看着老板，愕然无声。他的眼睛亮了起来，里面充满了斗志，然后转身离开了老板的办公室。

那天晚上，亨利回来了，脸上充满了胜利的神采，他创下了一生中最佳的纪录——而且从此以后一直如此。

故事解析

这个故事告诉我们：学会激励自己，自我期望的程度越大，就会取得越大的成就。你认为自己行，你就一定行。

卡耐基说过："不能激励自己的人，一定是一个平庸的人，无论他的才能如何出色。"激励是我们生活的驱动力量，它来自于一种希望成功的愿望。没有成功，生活中就没有自豪感，在工作和家庭中也就没有快乐与激情。

激励的作用是强大的，它能说服和推动你去行动。行动就像生火一样，除非你不断给它加燃料，否则就会熄灭。激励就是行动的燃料，源源不断地为你提供行动的能量。时时用成功的渴望来激励自己，作为未来社会的主导者，你就会有足够的动力去战胜困难到达成功的彼岸。激励的力量是无穷的，它让你有勇气和能力面对一切困境，也足以使你彻底改变自己。

故事穿越

1949年，一位24岁的年轻人，充满自信地走进了美国通用汽车公司，应聘做会计工作。这位年轻人所以来通用应聘，只是因为父亲告诉他，通用汽车公司是一家经营良好的公司，建议他可以去看看。于是，这位年轻人就来了。

在面试的时候，这位年轻人的自信，给面试他的助理会计检查官留下了深刻的印象。当时，通用公司只有一个会计的名额，面试官告诉这个年轻人，竞争这个职位的人非常多，而且，对于一个新手来说，可能很难立即胜任这个职位的工作。但是，这个年轻人根本没有认为这是一个困难，相反，他认为自己完全可以胜任这个职位，更重要的是，他认为自己是一个善于自我激励的人。

正是由于年轻人具有自我激励能力，他被录用了！录用这位年轻人的面试官，这样对秘书说："我刚刚雇用了一个想成为通用汽车公司董事长的人！"这位年轻人就是罗杰·史密斯，从1981年以来，他一直担任通用汽车公司的董事长。

故事微语

激励是开发人潜能的内在力量，它让弱者变成了坚强者，让人在柔弱无助的时候找到了自信。激励是我们战胜困难的一把利剑，它使人有了勇气和前进的动力，它时刻在警示着我们要坚持不懈，自强不息。

无论我们是一棵无名的小草，还是一株参天大树，何时何地都不要忘了为我们自己喝彩。人生就是需要得到鼓励和赞扬。许多人做出了成绩，往往需要别人的鼓励和赞扬。其实光靠别人的赞许还是不够的，何况别人的赞许会受到外在条件的制约，难以满足你真正的期盼。要保护自己的自信心和成功信念，不妨花些时间，恰当地自我奖励一下。

心灵箴言

默认自己无能，无疑是给失败制造机会！

——[法] 拿破仑

火气甚大，容易引起愤怒，是一种恶习而使心灵向着不正当的事情，那是一时的冲动而没有理智的行为。

——[法] 阿伯拉德

态度决定成败，无论情况好坏，都要抱着积极的态度，莫让沮丧取代热心。生命可以价值极高，也可以一无是处，随你怎么去选择。

——[英] 吉格斯

能力无限，用积极去激发潜能

故事话题

为什么成功的总是别人？看着身边那些风度翩翩、事业有成的人，一鸣心里酸溜溜地问道。一鸣，名牌大学毕业，在一家很不错的外贸公司工作，工作踏实努力，但是无论他多么的努力，公司的人还是感受不到他的存在。这么多年过去了，他的那些同学不是CEO便是高级工程师，过着家庭事业双丰收的美好生活，而他依然只是这个公司的小职员，拿着饿不死的工资，买不起房，结不起婚，甚至当初能力不及他的一个同学都已经被提拔到管理层了。这一切都让一鸣的心理严重失衡。他不是没有能力，别人能做到的事情他自信也能做到，也不是像个二愣子似的不懂得为人处世，待人接物更不会偷奸耍滑，一向勤奋好学——为什么他就成功不了呢？

故事解析

渴望成长的你是不是也像一鸣一样，无论怎样，成功总迟迟不肯大驾光临？总觉得机遇对自己很吝啬，从来不光顾自己。自己的舞台总是太小，一生一世，我们被安排在无限时空的一个小小的坐标点上。我们穷尽自己的目力与脚力，也不可能抓住成功——成功对我们而言真的这么难吗？其实，是你没挖掘出自己的潜力来推动自己成功。那么，人的潜能有多大？世界上最聪明的人也只是开发出10%的潜能。每个人都是潜在的天才，只要你掌握了开发自身潜能的方法，你的事业必将成功。确实，在你的生命中有着种种的不可思议的力量，这些力量，只要你能发现并很好地利用，就可以做出种种神奇的事来，就可以使自己变成成功者，实现伟大梦想。

然而大部分人都不能明白这点，总是很悲观地对自己说："我只是一个平凡的人，只能拥有平凡的人生，因此，我从来没有期望过自己能做出什么了不起的事来，不敢去奢望什么成功。"于是牢牢地把自己拴在一个范围内，从来没有期望过自己能够做出什么了不起的事来，人生不敢越出雷池半步。要知道，我们其实具有比自己所表现出来的更多的才气、更多的能力和更有效的机能。这些潜存的能量就像一个高大伟岸的巨人一样沉睡在我们的身体之中，是推动我们不断前进的原动力，更是我们取得成功的重要砝码。

故事穿越

云涵大学毕业后在一家公司当小职员。他长相、能力平庸，没有特长，没有靠山，升职加薪无望，每天不过是在公司“当一天和尚撞一天钟”，在公司里老老实实做人，安安分分做事，希望哪天走了狗屎运能博得同事和老板的青睐，有个升迁加薪的机会。当然工作上的打击远没有相亲上的打击大。如今的女孩子找对象，可不再像从前那么单纯善良了，只要看中这个人就行。如今车子、房子、存款，你少一样都不成，有的还特挑长相和能力。云涵总觉得自己是市场上的菜，任人挑选，结果还硬是没人挑走。有一个女孩甚至直接对他说：“嫁老公就像买股票，要买就要买潜力股。我看你工作升职无望，没车又没存款，买你的话会只赔不赚，这样的投资相信没有人愿意的。”为此，云涵颇是郁闷，也觉得自己是没有翻盘机会的熊市，对自己和以后的生活更没信心了。

故事微语

难道云涵真的就这么一无是处了吗？他的人生就此暗淡无光了吗？他对自己的认识正确吗？他充分了解自己吗？古人说“一日三省吾身”，每天都要自我反省，发现自己的不足和缺点，及时地弥补和改正，这也是我们长久以来的一种思维习惯。但是，我们总在反省自己的不足，认识的不过是缺点，那我们的优点呢？很多时候一个人的优势和才能也会隐藏起来，需要你像反省自己缺点那样去挖掘自己的优势，因为你的体内居住着一个巨人。因此，我们与其总是反省自己的缺点来换取积极进取的动力和能量，还不如深刻而又科学地发现那些被忽视、被隐藏或者被遗忘的优势和才能，事半功倍地完善自己的人生。

现实中也许你可能很渺小很平庸，也可能很美好很杰出，其实这在很大程度上取决于你的自我意识究竟如何，取决于你是否能够拥有真正的自信，能否真正认识到自身的潜能。古希腊戴尔菲城神庙里唯一的碑上铭刻了“认识自我”这四个字，犹如一座千年不倒的灯塔，是人类与生俱来的内在要求和至高无上的思考命题，也是一个人走向成功前对自己的一个基本态度和认识。尼采曾说：“聪明的人只要能认识自己，便什么也不会失去”。一个人在自己的生活境遇中，在自己所处的社会经历中，能否真正地认识自我、肯定自我，能否正确地塑造自我形象、把握自我发展，是选择积极的自我意识还是选择消极的自我意识，将在很大程度上影响甚至决定着一个人的前程与命运。

心灵箴言

只有行动才能给生活增添力量。

——[德] 让·保·里克特

伟人之所以伟大，是因为他们立意要成为伟人。

——[法] 戴高乐

有些人注定要成为傻瓜，他们做蠢事并非出于选择，而是由于命运的摆布。

——[法] 拉罗什富科

第三篇

一心一意，专注才能成功

我国古代著名思想家荀子说“蚓无爪牙之利，筋骨之强，上食埃土，下饮黄泉，用心一也；蟹六跪而二螯，非蛇蟮之穴无可寄托者，用心躁也。”蚯蚓是胜利者，因为它专注；螃蟹无所容身，是因为它浮躁。

因此，专注一点是我们求胜的法宝。

专注是灵，执着是魂

故事话题

钱萍在一家公司做文秘，早上来到办公室，经理就让她写一篇发言稿。照以往的经验，一个小时就能写好。她打开电脑，然后习惯性地去冲茶，结果发现水壶是空的，只好先去打水，回来把茶水泡上，刚写了一句，同办公室的小赵来了，钱萍边喝茶边与她聊了十几分钟。小赵走后，钱萍开始写作，没多大会儿，同办公室的小李拿着报纸嚷道：“大家快来看啊，有重大新闻……”钱萍也忍不住凑过去看了一会儿……接着，她的一个老朋友打电话约她周末去逛街，在电话里两人用了半个多小时讨论去哪里。挂了电话后，钱萍想好久没与另外一个朋友联系了，何不叫她一起去，就又打电话给另外的朋友……等到她去写发言稿的时候，一看表已经11点半，吃饭的时间到了。就这样，一个小时的工作，一个上午过去了，还没开工。

故事解析

一个人的时间、精力毕竟是有限的，如果他不专心，做这件事的时候总是惦记着另外一件事，结果哪件事都做不好；只有当他全神贯注于某件事时，才会在这方面取得成绩。我们常常用“三天打鱼两天晒网”来比喻那些不专心的人，无数事实证明不专心的人终将一无所成。

现实生活中，我们经常能听到一些耳熟能详的名字，比尔·盖茨、卡耐基、沃伦·巴菲特、史玉柱、李嘉诚、马云……他们之所以那么成功，很重要的原因是他们专心于自己所从事的事业。2006 年 10 月 30 日出版的美国《财富》 杂志报道，一项最新的研究发现，一个人的天赋并不是他成为伟大人物的重要条件。一个人的先天条件和家庭条件可能会影响到他向哪个行业发展，但并不能决定他能否取得成功。事业上成功的人的一个重要因素是专心于一件事，不旁骛，不半途而废，努力把它做好。

人们都希望自己的一生有所成就，而专心就是学有所成的必要条件。所谓专心，就是把意识集中在某个特定的欲望上，找出实现这一欲望的方法，而且成功地将之付诸实际的行为。专心是职场成功的捷径。古今中外凡成大事者，没有一个人不具备专心这一特质。

故事穿越

《钢铁是怎么炼成的》的主人公：保尔。他这一形象诠释了生命的意义！他一路走来，都是为了一个信念而活着，那就是为投入到革命斗争中，为无产阶级做贡献，为共产主义事业奋斗终身！

第一次，他为了救朱赫来被送进监狱，受尽拷打和折磨，因为朱赫来是革命的战士，保尔义无返顾地救了他；第二次，他勇敢作战，一次进攻时被波兰人的炸弹炸成重伤，他为了革命而战斗；第三次，为了革命事业放弃了和冬妮亚的爱情；第四次，为了保障城市过冬的木材供应，去修筑铁路。三个月里，面对秋雨、泥泞、寒冷、饥饿、生命的威胁、匪徒的骚扰，保尔始终与这些工人们坚持不懈，每天比别人更早地起床，更早地劳动，付出更多的努力，但是由于保尔劳累过度，被伤寒病击倒，昏倒在工地上；第四次，当他重病痊愈后，身体虚弱的他又急忙申请回到铁路工厂；第五次，保尔在铁路忘我的工作。在患着重感冒的情况下到冰冷的河里打捞木材，病情恶化。……到了病情不断恶化时，他还是想着要坚持下去，想着要工作，想着要为共产主义事业奋斗。一个双腿

瘫痪，双目失明的人，不能行动，不能看到这世界上的每一样东西。试想一下这个人，他还能怎样，还能怎样书写他的人生？这时候，他身残志不残，到最后关头还是执着地坚持下去！他又拿起新的武器，通过文学继续战斗，回到了战斗的队伍。他克服了常人无法想象的困难，用自己所剩下的唯一的一双手，在格子板上完成了他的小说《暴风雨所诞生的》。

保尔从头到尾坚决地选择了一条道路，并执着地追求到最后！无论前方有什么困难打击他，什么挫折阻挠他，他最后依然相信自己能够归队，相信在冲锋陷阵的队伍中也会闪亮着他的一把刺刀！始终不放弃，不逃避，不退缩；一直勇敢地，坚持地，执着地追求一个属于你自己最辉煌的，用执着铸就了一个我们最敬佩的人生。

故事微语

坚持自己的执着，哪怕最后的结果不尽人意。因为，这是自己决定和选择的！只要有过自己的执着，不论成败都是英雄！常言说："是金子总会发光的！"世界上有这么多人，我们要坚信，总会有人认可我们的，有人明白我们的努力和付出的。

的确，对于很多人来说，选定目标的过程并不会惊天动地，通常它只是悄悄降临。在不经意间，一些模糊的意念或者影像闪过脑际，我们很难说清那是什么，在这个时候，我们最需要的是执着，在这个过程中，会有许多三心二意的念头涌出来扰乱你的心志；不断地打击你。会不停地劝你打消念头，他尽可能会阻止你的追寻，但你一定要记得：一定要把握住你的心性，把握住你的执着。一份执着，带来一分收获，也带来一个全新的人生！

心灵箴言

路漫漫其修远兮，吾将上下而求索。

——屈原

无论做什么事情，只要肯努力奋斗，是没有不成功的。

——牛顿

你应将心思精心专注于你的事业上。日光不经透镜屈折，集于焦点，绝不能使物体燃烧。

——毛姆

因为专注，所以专业

故事话题

一次，牛顿邀一个朋友一起用餐。饭菜已摆在桌上，牛顿还没从工作室出来，这位朋友等了好久，只好独自吃起来。吃完后，他想和牛顿开个玩笑，就把鸡骨头放到盘子里。几小时后，牛顿从工作室出来，他到餐桌旁，看到盘子里的鸡骨头时，不禁自言自语地说："我还以为自己没吃呢，原来早已吃过了。"于是又回到工作室，继续工作去了。

还有一次，牛顿牵着马上山，走着走着，突然想起了一个问题，便专心思考起来。不知不觉中，他松开了牵马的缰绳，马跑了他还没发觉。他一边走着，一边思考着，一直走到山顶，前面再也无路可走时，牛顿才从沉思中惊醒过来。这时马早已不知去向了。

故事解析

牛顿之所以有举世瞩目的成就，就是因为他的专注特质。而这种特质恰好也是如禅修、冥想此类修行所要求的，相似于定境。心理学研究表明，当一个人高度专注于此时此地此事，人就会像被催眠那样，时空感觉变得扭曲，明明过了几个小时但感觉就像只过了 20 分钟，明明走了很长的路程可是感觉只走了很短的距离。人一进入这种时空扭曲的状态，潜能就会得到开发。那些学习成绩和工作业绩真正突出的人，都是在时空扭曲的状态下获得成功的，他们坐下来连续学习或者工作几个小时，却感觉只学习或者工作了一会儿，一点也不觉得疲倦，甚至达到废寝忘食的地步，成绩自然会大幅提高。

专注来自目标的专一，目标专一才会集中精力、体力，才会越钻越深，越来越向目标靠近。从另外一个角度看，也正是专注，聚集并放大了人的能量，从而推动人们不断走向成功。

故事穿越

有一天，一个老太太在报上看到一条消息：园艺所重金悬赏纯白金盏花。老人想：金盏花、除了金黄色，就是棕色，白色的？不可思议。不过，我为什么不试试呢？她对8个儿女讲了她的想法，但遭到一致反对。大家说："你根本不懂种子遗传学，专家都不能完成的事你还想去做？况且你都这么大年纪了，怎么可能？"老太太决心一个人干下去。她撒下了金盏花的种子，精心侍弄。金盏花开了，全是金黄色的，老太太挑选了一朵颜色比较淡的花，任其自然生长，以取得最好的种子。第二年她又把它们种下去，然后再从花朵中挑选颜色浅淡的种子栽种……一年又一年，春种秋收，循环往复，老太太从不沮丧怀疑、一直坚持。

一晃20年过去了。有一天早晨，她来到花园，看到一朵金盏花开得特别灿烂。它不是近于白色，也不是像白色，而是如银似雪的纯白。她包好这纯白金盏花种子，寄给了那家20年前悬赏的机构，她甚至不知道那则启事还是否有效。等待时间长达一年，因为人们要用那些种子验证。终于，园艺所所长打电话给老太太说："我们看到了你种的花，它确是白色的。因为年代久远，资金不能兑现，你还有什么要求吗？"老太太对着听筒小声说："只想问一问，你们可还要黑色的金盏花？我能种出来……"黑色的金盏花至今还没有种出来，因为老太太不久就去世了。

故事微语

无数的例子都向我们证明“盯住一点”是成功的要点，也是成才的起点。“专心”方可“致志”。真正的成功者，他一生做成功的事，实际上就一件事而已。从青少年开始，立志学做一事，学会了、做熟了，有了一门专长，就能凭借一技之长从事特定职业，为大众服务，换取个人生存的衣食住行。如果把这份职业上的事坚持做下去，做专了、做强了、做大了，对社会有独特的贡献，在历史上留下光辉的一页，这就是成功的事业。一旦选定了自己的目标，就不要随意改变，坚持数十年、乃至一生，不懈努力，必有大成。

“水滴石穿，绳锯木断”，只有坚持不懈地向一个目标努力，才能够最终取得辉煌的成绩。

在现实生活中，很多人之所以失败就是因为没有瞄准一个点、持之以恒地走下去。而成功者则往往是瞄准了这个点，并坚持走到最后。这个点有时是一个稍纵即逝的机遇，有时是从脑中一闪而过的灵感，有时是恶劣环境中长期形成的生活积累。是的，只要能瞄准一个点就能敲开成功的大门，哪怕力量微小，只要坚持，就能够到达胜利的彼岸。

心灵箴言

咬住青山不放松，立根原在破岩中；千磨万击还坚劲，任尔东西南北风。

——郑板桥

哪有斩不断的荆棘？哪有打不死的豺虎？哪有推不翻的山岳？你只须奋斗着，猛勇地奋斗着；持续着，永远地持续着，胜利就是你的了。

——邓中夏

伟大人物的最明显标志，就是他坚强的意志，不管环境变换到何种地步，他的初衷与希望仍不会有丝毫的改变，而终于克服障碍，以达到期望的目的。

——[美] 爱迪生

专注细节，好过程造就好结果

故事话题

一位年轻人在一家石油公司里谋到一份差事，任务是检查盛石油的油罐盖焊接好没有。这是公司里最简单最枯燥的工作，凡是有出息的人都不愿意干这件事。这位年轻人也觉得，天天研究一个个的铁盖子太没有意思了。

他找到主管，要求给自己调换一份工作。可是主管说：“不行，别的工作你干不好。”

年轻人只好回到焊接机旁，继续检查那些油罐盖上的焊接点。既然好工作轮不到自己，那就先把这份枯燥无味的工作做好吧！

于是，年轻人静下心来，仔细观察油罐焊接的全过程。他发现，每焊接好一个石油罐盖，需要用 39 滴焊接剂。

为什么一定要用 39 滴呢？少用一滴行不行？

在这位年轻人以前，已经有许多人干过这份工作，但从来没有人想到过这个问题。这个年轻人不但想了，而且进行了认真细致的试验。结果发现，焊接好一个石油罐盖，只需 38 滴焊接剂就足够了。

年轻人在最没有机会施展才华的工作上，找到了用武之地。他非常兴奋，立刻为节省一滴焊接剂而开始努力工作。

现有的自动焊接机，是为每罐消耗 39 滴焊接剂专门设计的。用旧的焊接机，根本无法实现每罐减少一滴焊接剂的目标。年轻人决定自行研制新的焊接机。经过无数次尝试，“38 滴型”焊接机终于被他研制成功了。

使用这种新型焊接机，每焊接一个罐盖可节省一滴焊接剂。积少成多，一年下来，这位年轻人竟然为公司节省开支 5 万美元。他就是世界石油大王——洛克菲勒。

故事解析

也许很多人知道细节的重要性，却不愿意去注意细节，因为他们太习惯“高调”。也只有真正的低调者，才会安心、踏实地强调细节，因为他们已经深刻地认识到——细节决定成败！

想要生活美满愉快，就要处处注意细节、精益求精。当一个人把事情处理得顺顺当当、无牵无挂时，他心里的愉快真非笔墨所能形容。那些做事草率疏忽，错误多多的人，不但对不起事情本身，更对不起自己！

很多人不肯尽力把事情做到尽善尽美，认为那样太浪费精力，只用“足够了”“差不多”来搪塞了事。结果因为他们没有把事业的根基打牢，过不了多久，他们所做之事就会像根基不稳定的房屋一样倒塌。失败最大的祸根，就是养成不注重细节的习惯。而获得成功最好的方法，就是对待任何事情都要时刻注意小细节，不要“只做大不做小”。

故事穿越

上世纪50年代初的一天，西欧某国组织了一次陆、海、空三军联合军事演习。在这次演习中，该国投入了一架最先进的战斗机，并选派了一名具有多年飞行经验且技术高超的优秀飞行员来驾驶。由于这种飞机是首次运用到军事演习中，为确保万无一失。飞行前主管部门提出了极高的技术要求，地面勤务人员对飞机实施了多次全方位的检测，以保证飞机飞行的绝对安全。

然而，令人震惊的事情发生了。当飞机刚刚离开地面，飞机两翼就突然在空中剧烈地震动了几下，随后，便一头栽倒在跑道上，爆炸起火，机毁人亡！

通过对各种飞行信息进行仔细分析，并运用实际模型对飞行情况进行推演，发现了一个更加令人震惊却简单得让人难以置信的结果：竟是一颗纽扣造成了飞机失事。原来，在飞机起飞时，飞行员胸前的一颗纽扣脱落，落入仪器中，使仪器不能正常工作，影响了飞机的飞行，造成了这一严重的恶果。

故事微语

发现问题是基础，但关键是解决问题。解决问题并不简单，是需要通过细致的分析，制定科学、可行的方案，并严格实施才能实现的。所谓求真，就是要讲究科学、尊重科学；所谓务实，就是要坚持高标准、严要求，把每一项工作落到实处。一项工程是由无数工作细节组成的，因此每一个工作环节都十分重要。我们应提倡一种严谨些，再严谨些；细致些，再细致些的工作作风，不断提高工作质量。这样，我们就能够大大减少工作失误，大大提高工作水平，实现既定的奋斗目标。

心灵箴言

大礼不辞小让，细节决定成败。

——汪中求

天下难事，必做于易；天下大事，必做于细。

——老子

把每一件简单的事做好就是不简单；把每一件平凡的事做好就是不平凡。

——张瑞敏

专注小事，悲剧是由忽略造成的

故事话题

一天，松下幸之助到一家代销店内进行业务访问。寒暄过后，店主抱怨说：“现在的生意越来越难做，真不知道我这间小店还能维持多长时间。为什么您的生意越做越大，无论景气不景气您都能赚钱，难道有什么诀窍吗？”

松下回答：“做生意的诀窍，无非是用心去做。”

店主无奈地说：“说到用心，该想的办法我都想过了，却仍然不见生意有什么起色！”

松下微笑着说：“是这样吗？”

正在他们谈话间，一个小孩蹦蹦跳跳跑进来，说：“伯伯，我买一个灯泡，40瓦的。”

店主停下了谈话，转身取出一个灯泡，在灯座上一试，是好的，交给小孩后收下了钱。那小孩又蹦蹦跳跳地拿着灯泡出去了。

松下接着问：“你平时做生意都是这样的吗？”

店主说：“是的。有什么不妥吗？”

“按这种方法做生意，你不可能会发财。”

店主感到很纳闷，问道：“为什么？生意不这样做，又怎样做呢？”

松下不紧不慢地说：“那孩子来买灯泡时，你为什么不跟他聊几句呢？比如：‘小朋友，上几年级了？长得可真高啊！’把灯泡递给他时说：‘回去告诉妈妈，如果灯泡不好用，只管来退换，好不好？’孩子回去后把你的话带给他家人听，他们全家都知道这儿有一个很热情的店主，如果下次再买电器的话，肯定还会买你的。”

听着松下的话，店主不断地点头，认为他说的很有道理。

松下又说：“还有，那孩子拿着灯泡蹦蹦跳跳地出去的时候，你为什么不提醒他走慢些呢？万一灯泡因此损坏，他家里人碍于情面不来找你麻烦，对你的商店留下的印象也不会好吧！”

店主听过这些话后恍然大悟，他这才意识到，自己平时确实用心太少了，忽略掉了很多重要的细节！

故事解析

从上面的例子中可以看出，如果一个人不注重小细节，那么他就注定成不了大事。唯有细心地对待每一件事，把细节做到位，才有可能获得成功。

用心对待每一件事情，不忽略每一个细节。也许，影响全局的就是这一细微之处。我们不缺少雄韬伟略的战略家，缺少的只是那些精益求精的执行者而已。只有进行科学、细致的观察和研究，才能防患于未然。任何麻痹和对细节的忽视都会带来难以想象的后果。与细节的疏忽会毁坏一个宏伟的规划一样，细节的准确、生动也是可以成就一件伟大的作品的，甚至还能起到锦上添花的作用。

小细节成就大事，细节就像每一条树根，每一片树叶，没有根、没有叶，何为大树？王永庆的成功，就是一个个小细节串联起来的成果。

故事穿越

1917 年 1 月 18 日，王永庆生于台北县新店，祖籍福建省安溪县，其父王长庚以种茶为生。小学毕业后，王永庆便到茶园当杂工，后又到一家小米店做学徒。第二年，他就用父亲借来的 200 元钱从乡下来到嘉义，在米市最偏僻的一角开了一家小小的米行。由于资金少，店铺位置偏，生意一度低迷。

究竟怎样才能打开米店的销路呢？王永庆感觉到要想让米店在市场上立足，就必须有一些别人没做到或做不到的优势才行。仔细思考之后，王永庆很快从提高米的质量和服务上找到了突破口，也正是这一个小细节，成就了他的事业。

20 世纪 30 年代时，台湾农村还处于手工作业状态，稻谷收割与加工的技术非常落后，稻谷成熟收割后都是放在马路上晒，晒干后再脱粒，沙子、小石子之类的杂物很容易掺杂在里面。用户在做米饭之前，都要经过一道淘米的程序，吃

起来有很多不便。然而，无论是买方还是卖方，早就对此习以为常了，大家也就见怪不怪了。

正是在这一司空见惯的问题上，王永庆找到了事业的切入点。他带领两个弟弟一齐动手，不辞辛苦，不怕麻烦，一点一点地将夹杂在米里的秕糠、砂石之类的杂物捡出来，然后再出售。到店中买米的顾客发现王永庆如此为顾客着想，自然成了米店的常客。

就这样日复一日的，王永庆的细心一直没变，米店卖的米质量还高一个档次，米店的生意自然也就好了起来。

在提高自己店中米质量的同时，王永庆在服务上也更进一步。当时，用户都是自己前来买米，自己运送回家。对于年轻人来说，这根本算不了什么，但对于一些上了年纪的老年人，就是一个大大的不便了；而当时年轻人整天忙于生计，且工作时间很长，一般情况下都不会出来买米，买米的任务只能由老年人来承担。王永庆注意到这一细节，于是超出常规，主动送货上门。这一方便顾客的服务措施，颇受大家的欢迎。

在当时，根本就没有“送货上门”这一说法，增加这一服务项目等于是一项创举，王永庆把货送上门后，还做了很多细节工作。即使是在今天，送货上门充其量也是将货物送到客户家里并根据需要放到相应的位置就算完事，那么，王永庆到底还做了些什么呢？

每次给新顾客送米，王永庆都会问问顾客家里有多少人，几个大人，几个小孩，平时的饭量如何，还细心地把这些情况记在一个小本子上，算好顾客可能没米了，就及时送米上门。就这样，局面被彻底打开了，要求送货上门的顾客越来越多。

王永庆帮顾客们送米，并不是送到家就行了，他还要帮人家将米倒进米缸里。如果米缸里还有米，他就把旧米全都倒出来，将米缸擦干净，然后再把新米倒进去，将旧米放在上层，这样，陈米就不至于因存放过久而变质。王永庆这一精细的服务令不少顾客深受感动，又为他赢得了很多顾客。

故事微语

送米本来是件小事，而王永庆却把它做得那么细，使他找到了更好地为客户服务的方式，使顾客成了他的忠实客户，为事业的进一步发展壮大，打下了良好的基础。

王永庆根据实际情况，服务方法精细、务实，使嘉义人都知道在米市马路尽头的巷子里，有一个卖好米并送货上门的王永庆。在当地有了一定的知名度后，王永庆的生意很快红火起来。这样，经过一年多的资金积累和客户积累，王永庆便自己办个碾米厂，在离最繁华热闹的街道不远的临街处租了一处比原来大好几倍的房子，临街的一面用来做铺面，里面的那一间就用来碾米。就这样，王永庆靠对米店的悉心经营赚到人生第一桶金。

从王永庆的事例中我们可以看出，如果没有选沙石的细节，没有多问一句的细节，或许王永庆还只是个默默无闻的米贩。一花一世界，一树一菩提。米行虽小，却可以反映大世界。社会各领域的竞争同样可以从王永庆最初所处市场的竞争中找到影子。王永庆的成功在于他给自己销售的大米赋予了一个和别家大米店不同的属性。一样的米，却因为王永庆更注重细节、更为顾客着想的服务而打上了王永庆的牌子。

芸芸众生，能做大事的实在太少，多数人在多数情况下只能做一些具体的事、琐碎的事、单调的事，也许过于平淡，也许鸡毛蒜皮，但这就是工作，是生活，是成就大事的不可缺少的基础。

心灵箴言

小事成就大事，细节成就完美。

——[美] 戴维·帕卡德

天下难事，必做于易；天下大事，必做于细。

——老子

改变心浮气躁、浅尝辄止的毛病，提倡注重细节、把小事做细。

——卢瑞华

持之以恒，见异思迁让人一无所获

故事话题

高斯是 18 世纪最伟大的数学家之一。从小就勤奋好学，很早就显示出超人的数学才能。据说有一次，他的父亲正在计算账目，小高斯静静地站在旁边看，当他的父亲自以为算得正确时，小高斯却认真地说："爸爸，您算错了，应该是……"经检查，果真是高斯的答案正确。

高斯 7 岁那年，父亲送他到附近的学校读书。在学校里，高斯是他们班最小的学生，但他是数学成绩最好的学生，经常受到老师的表扬。

高斯学习既刻苦、又勤奋。白天在学校里，除上课时专心听讲之外，他还尽量利用课外时间钻研数学，阅读了很多大数学家的著作；晚上，为了节省灯油，父亲要求小高斯天一黑就上床睡觉，但高斯太喜欢读书了，他把一个大萝卜挖去了心，塞进一块油脂，插上一根灯芯，做了一盏小油灯。他一个人躲在顶楼上，在微弱的灯光下，专心致志地看书学习，直到深夜才睡。

在上学期间，高斯还写了许多"数学日记"，记录了他在解题时的新发现和巧妙的解法等。有了这些坚实的知识基础，高斯在 17 岁时就发现了好几个数学定理，成了很有名的小数学家。

1795 年，高斯 18 岁，来到著名的哥廷根大学攻读数学。第二年，他成功地解决了当时自希腊数学家欧几里得以来两千多年一直悬而未决的数学一大难题，轰动了整个数学界。

故事解析

有人曾问高斯：“你为什么在科学上能有那么多的发现?”高斯回答说：“假如别人和我一样专心和持久地思考数学真理，他也会作出同样的发现。”可见，“专心致志，持久以恒”是高斯成功的秘诀。

要想成就一番事业，确实不是一件容易的事，既要下一番苦功，还要有一颗恒心。就拿一个有成就的运动员来说，哪一个不是从小吃得苦中苦，受得累中累，坚持坚持再坚持，才能取得一点成绩，才能获得一些成功，才能苦尽甘来？无论是全国冠军，还是世界冠军，哪一个冠军的成长之路，不都是无比的艰辛，有一颗恒心?

人生一世，无论在学习上，还是在工作上，要想取得一点成就，有所大的作为，尤其是想取得一些辉煌的、骄人的业绩，光靠一时一事、一点一滴的努力是不行的，必须要时时刻刻努力、从点点滴滴做起才行。

《诗经》中有句叫：“靡不有初，鲜克有终。”这是告诉人们，有个好的开始不难，关键是如何把它持久地坚持下去。《礼记》里也有句话说；“人而无恒，不可以为卜筮。”[卜筮是古代最有学问的人]就是说，要想成为一个最有学问的人，必须先有一颗守恒的心。

无论是《诗经》里讲的，还是《礼记》里说的，无非是告诉人们同样一个道理：那就是，无论做什么事情，一个人一定要有一个持之以恒的心。只要有了一颗持之以恒的心，就没有做不成的事。

故事穿越

开学的第一天，苏格拉底对学生们说：“今天咱们只学一件最简单也是最容易的事儿。每人把胳膊尽量往前甩，然后再尽量往后甩。”说着，苏格拉底示范了一遍。“从明天开始，每天做 300 下。大家能做到吗?”

学生们都笑了，这么简单的事，有什么做不到的？过了一个月，苏格拉底问学生们：“每天甩手300下，哪些同学还在坚持着？”有90%的同学骄傲地举起了手。又过了一个月，苏格拉底又问，坚持下来的学生只剩下八成。

一年过后，苏格拉底再一次问大家：“请告诉我，最简单的甩手运动，还有哪几位同学坚持了？”这时，整个教室里，只有一个人举起了手。这个学生就是后来成为古希腊另一位大哲学家的柏拉图。

故事微语

世间最容易的事常常也是最难做的事，最难做的事也是最容易做的事。说它容易，是因为只要愿意做，人人都能做到；说它难，是因为真正能做到并持之以恒的，终究只是少数人。

半途而废者经常会说“那已足够了”“这不值”“事情可能会变坏”“这样做毫无意义”。而能够持之以恒者会说“做到最好”“尽全力”“再坚持一下”。

龟兔赛跑的故事也告诉我们，竞争的胜利者之所以是笨拙的乌龟而不是灵巧的兔子，这与兔子在竞争中缺乏坚持不懈的精神是分不开的。

巨大的成功靠的不是力量而是韧性，竞争常常是持久力的竞争。有恒心者往往是笑在最后，笑的最好的胜利者。

心灵箴言

只要持之以恒，知识丰富了，终能发现其奥秘。

——杨振宁

一个人只要强烈地坚持不懈地追求，他就能达到目的。

——[法] 司汤达

涓滴之水终可以磨损大石，不是由于它力量强大，而是由于昼夜不舍的滴坠。

——[德] 贝多芬

第四篇

掌握自己，入迷才能做情绪的主人

你无法改变天气，却可以改变心情；你无法控制别人，但可以掌握自己。我们前进的道路是坎坷曲折的,但是道路两旁盛开着五彩芳香的花,在我们头顶上洒满了温馨的阳光。

当你在这条生活之路上向前行进的时候,我们要真诚地说一声：祝你身体健康，更祝你心理健康!愿每个人都能做自己情绪的主人，把握好自己的心海罗盘，把人生这幅长卷描绘得多姿多彩!做情绪的主人，自觉培养态度乐观、兴趣广泛等良好的情绪品质。

坚持不懈，要有不屈不挠的精神

故事话题

约翰·吉米是美国一家人寿保险公司的保险员，他花六十五元买了一辆脚踏车到处拉保险。不幸的是，成绩始终是一片空白。可是，吉米毫不气馁，晚上即使再疲倦，也要一定写信给被白天访问过的客户，感谢他们接受自己的访问，同时，也会力求请他们加入投保的行列，每一字每一句都写得诚恳感人。

但是，任凭他再努力、再劳累，也没有发生效果。两个月过去了，他连一个顾客也没有拉到，他所面临的危机开始慢慢逼近他。

他常常是劳累一天回来，连饭也没心情吃，虽然娇妻温顺体贴，但是，一想到第二天，他常常会全身冒冷汗。

他在日记中写道：“从前，我以为一个人只要认真、努力地工作，就能做好任何事情。但是这一次，我错了。我辛苦地跑了六十八天，然而，却连一个客户也没有拉到。但一想到未来的成功时，我就又充满了信心。”

为了达成目标他从未放弃过，有一次，他想说服一个校长让他的学生全部投保，然而校长对此毫无兴趣，一次次地将他拒之门外。当他第六十九次再跑到校长室时，校长终于被他的坚持精神所感动，让学校的所有学生投保。后来，他就是凭着自己坚持不懈的精神成了一位著名的保险推销员。

故事解析

约翰逊说过：“伟大的作品不是靠力量，而是靠坚持来完成的。”

阿里巴巴的总裁马云说：“我不知道什么叫成功，我只知道——只要你放弃了，你就失败了。”要设定一个目标，是人人都会的事，但要实现艰巨的目标，却不是人人都能坚持得住的。在一个记录片中，篮球之神乔丹说：“我曾经被罚球 1800 次，腿伤、肩伤、关节痛 3300 次，投篮未中 9900 次……但是我坚持下来了！”

滴水可以穿石，绳锯可以断木。只要坚持就不会有办不到的事情。

有句名言说：伟大的成功者，是那些在多数人因失败而摘下头盔时，仍勇于抵抗的人。没有人可以一步登天，一而再的挫败正是成功路上的指路牌。你惟有不曾挫败的一次，就是你终于打开成功之门的一次！愈挫愈勇是所有成功者的共同历程，也就是说成功的惟一途径就是坚持不懈！

故事穿越

电视剧《大长今》曾震憾了许多人，很多人都为长今知难而进、坚持不懈的精神而赞叹不已。

6岁，长今不能去上学，因母亲怕暴露身份。可长今太渴望识字，宁愿天天挨打，也要偷着念书，母亲的手打软了，长今还要偷着念书，母亲终于向幼小的长今屈服了，不得不决定亲自教女儿识字。

长今和一般孩子不一样的是：当许多孩子因为玩泥巴被父母再三痛打以后，就放弃自己的好奇了。但长今没有放弃，长今最终因为坚持而赢得读书识字的机会，赢得了她人生因坚持而获得的第一次胜利。

长今的母亲离开人世前，送给了女儿一个最大的遗产，一个超值的礼物——给长今树了一个目标：“当最高尚官娘娘！”7岁就离丧父母的长今，只要一见到宫里出来的人，就会马上说：“我要当宫女！”直到有一天，长今帮助养父的客户送酒，来到了未来的皇帝大君身边，她还是没忘抓紧诉说自己的心愿：“我要当宫女！”终于，因为坚持，她当上了宫女，赢得了因坚持而获得的第二次胜利的人生。

从此，长今做任何事都专心致志，百折不挠，任何时候只要一想起目标，就会坚强起来……所以，无论在生活中遇见什么事，都不能轻易放弃！长今因为从小习惯了只要坚持就会获得成功，从而逐步形成了一种“坚持”的性格。

故事微语

坚持的心态是在遇到坎坷的时候反映出来的心态，而不是顺利的坚持。遇到瓶颈的时候还要坚持，直到突破瓶颈达到新的高峰。要坚持到底，不能输给自己。成功者决不放弃，放弃者绝不成功。一个人成功与否，关键在于这个人有没有强烈的成功欲望，有没有不服输的精神，有没有志在必得的精神。当你一次又一次战胜自我、超越自我的时候，你就获得了辉煌的成功！

只要功夫深，铁杵磨成针。相信只要能够努力并坚持下去，离成功的距离就不会太远；只要努力并坚持下去，梦想就不会成为幻想。找准目标，努力并坚持下去，有了这样的好习惯，相信终有一天成功将会垂青于你。

坚持就是力量，坚持就是成功。人们都会信任一个坚韧不拔、意志坚定的人，因为他做任何事情都会善始善终，都知道他是一个把前进路上的绊脚石作为上阶梯的人。

一个成功的人不会惧怕人生路上的各种失败，也从不惧怕别人的批评。不论在任何时候都会坚持自己的目标，永不偏航，无论面对什么样的狂风暴雨都会镇定自若。因为在成功的路上他们已经把成功当成了一种习惯。

心灵箴言

最可怕的敌人，就是没有坚强的信念。

——[法] 罗曼·罗兰

谁有历经千辛万苦的意志，谁就能达到任何目的。

——[古希腊] 米南德

忍耐和坚持虽是痛苦的事情，但能渐渐地为你带来好处。

——[古罗马] 奥维德

自我加冕，在生活面前做个自信积极的人

故事话题

一个人同一位准备远航的水手交谈，他问：“你父亲是怎么死的？”“海上捕鱼，遇着风暴，死在海上。”“你祖父呢？”“也死在海上。”“那么，你还去航海，不怕死在海上吗？”水手反过来问那个人：“你父亲死在哪里？”“死在床上。”“你的祖父呢？”“也死在床上。”“那么，你每天睡在床上不害怕吗？”

故事解析

这个故事含有深刻的人生哲理。言简意赅地反映出了水手明知祖父、父亲都死在海上，却没有因此而改变自己的奋斗目标，仍然乐观地从事自己喜欢的事业。

世界成功学之父卡耐基有一个很重要的理念是：你的生活是由你的心态造成的，你有什么样的心态就有什么样的生活，你有什么样的选择就有什么样的结果。

无论从事什么样的事业，要想获得成功，首先就要调整、完善、升华自己的心态。所谓心态，指的是一个人在思想观念支配下的为人处世态度和心理状态的总和，是一个人内存和外在的和谐统一。

一位哲人曾经说过："心态是真正的主人，心态决定谁是坐骑，谁是骑师。要么去驾驭命运，要么命运驾驭自己。"想获得成功，就要永远保持成功者的心态。

成功者的心态是自信乐观的，积极主动、富有激情的。很多成功者都拥有这样的好心态。正是这种好心态才唤醒了他们心中沉睡的力量，激起了他们潜藏的动力，调动了他们以前未曾释放过的能量。也正是这种心态增强了获取成功的能力，弥补了自己的不足。所以，拥有成功者的心态离成功的距离就会越近。

故事穿越

索尼原来只是一家小公司，但盛田昭夫在科学杂志上看到贝尔试验室发明了晶体管后，第一时间就去美国买下了专利。你们估计一下用了多少钱？改变了整个世界的专利只用了2.5万美金。因为当时全世界都还没有认识到晶体管的重要性，而盛田昭夫敏锐地发现了机会，并主动出击抓住了机会。

当时的电子管收音机体积都很庞大，像一张小桌子。盛田昭夫利用晶体管很快就生产出了一批小型收音机，它的口号是：能装在口袋里的收音机。其实当时他生产的收音机比口袋还要稍大一点，于是他将每位推销员的衣服口袋都做大了一些，让他们装在口袋里去推销，结果晶体管的这项专利当年就为他赢利250万美金，从此，索尼也成为了世界级的大公司。

故事微语

“生活并不缺少美，而是缺少发现美的眼睛。”在我们的工作和生活中，也是如此，机遇有很多，就看你能否发现它们，利用它们。但是，仅仅发现机会还是不够的，关键还要付诸实施，发现并抓住机会才有可能成功。当我们真正面对这些机遇和条件时，一定要有强烈的机遇意识和主动意识，要善于抢抓机遇，争取主动，在新的发展中才会快人一步，加快发展，主动是发展的动力。

有些人一直都在等机遇出现，希望有一天一个大的机遇会落到自己身上，但是这个世界上是没有天上掉馅饼的好事的，就算有天上掉馅饼的好事，那还不知道会落在谁的头上呢！在人群人中比你高的就有优势，你只有主动地去跳跃一下，那才有可能抢到这个馅饼。

心灵箴言

如果人是乐观的，一切都有抵抗，一切都能抵抗，一切都会增强抵抗力。

——瞿秋白

乐观者在一个灾难中看到一个希望，悲观者在一个希望中看到一个灾难。

——英国谚语

忧愁、顾虑和悲观，可以使人得病；积极、愉快和坚强的意志和乐观的情绪，可以战胜疾病，更可以使人强壮和长寿。

——佚名

保持平静，在问题面前自我释放

故事话题

当年马修布拉还在华尔街美国国际公司担任总裁的时候，有人问他是否对别人的批评很敏感，他回答说：“是的，我早年对这种事情非常敏感。我当时急于要使公司里的每一个人都认为我非常完美，要是他们不这样想的话，就会使我忧虑。只要一个人对我有一些怨言，我就会想办法去取悦他。可是我所做的讨好他的事，总会让另外一个人生气。然后等我想要补足这个人的时候，又会惹恼了其他的人。最后我发现，我愈想去讨好别人，以避免别人对我的批评，就愈会使我的敌人增加。所以最后我对自己说：只要你超群出众，就一定会受到批评，所以还是趁早习惯的好。这一点对我大有帮助。从此以后，我就决定只尽自己最大的努力去做，而把我那把破伞收起来，让批评的雨水从我身上流下去，而不是滴在我的脖子里。”

故事解析

正如故事中马修布拉所说的让批评的雨水流掉一样，美国前总统林肯要不是学会对那些谩骂置之不理，恐怕他早就受不住内战的压力而崩溃了。他写下的如何对待批评的方法，已经成为文学上的经典之作。第二次世界大战期间，麦克阿瑟将军曾经把它抄下来，挂在总部的写字台后面。而丘吉尔也把这段话镶在框子里，挂在书房的墙上。这段话是这样的："如果我只是试着要去听，更不用说去回答所有对我的攻击，这爿店不如关了门，去做别的生意。我尽我所知的最好办法去做，也尽我所能去做，而我打算一直这样把事情做完。如果结果证明我是对的，那么人家怎么说我，就无关紧要了；如果结果证明我是错的，那么即使花 10 倍的力气来说我是对的，也没有什么用。"

所以，如果你立志要有一番作为、要成功，那么，在年轻的时候，就要学会保持平静的心，不要为别人的批评而烦恼。

故事穿越

一位青年由于家庭贫困辍学，但他有一个妹妹，成绩优异，不上大学实在可惜，为了能让妹妹上大学，他来到工地挖隧道，不料第一次走进隧道就遇岩石塌方……

当时局面难以控制，有人大放悲声，有人想往岩石上撞，近乎疯狂。他也差点控制不住自己，刹那间他想了很多，首先想到了死——但若自己完了，妹妹也会辍学，父母也会悲痛欲绝。他镇静了一下，决定试着控制局面，他努力使自己的声音变得很沉稳：“想活命吗？想活命就听我的！”黑暗中的几个人渐渐安静下来。

这时他又向被困的四个人发号施令：一，被困的四个人必须听他指挥。二，外面肯定在组织救援，但需要时间。三，休息睡觉，因为累死也搬不动那千斤重的大石头。四，隧道里到处都是水，有水就能活十几天。不过他还是隐瞒了一件事情，就是他进隧道时带了两个馒头，现在已成无价之宝。

可是等到第三天过去了，隧道里还是没有一丝光亮，他把其中一个馒头分成四份给大家吃。第五天，终于听见隧道外隐约传来钻机风镐的声音。他赶紧把最后一个馒头分成四份给大家吃，然后大声命令四个人拿起工具拼全力往巨石上敲击……

几个劫后余生的人躺在病床上怎么也不会相信，那个沉稳威严，组织大家出来的人竟然是一个毛头小伙。事后他说：“冷静，在紧要关头，只有冷静救得了你。”

故事微语

的确，在现实生活中，我们需要太多的冷静。遇事要冷静，可以避免一些本不该发生的事。

冷静好比河水，渠道畅通，河水才能缓缓流入农田。如果失去冷静，感情之河水会变为失控的洪水，它不仅不可以灌溉农田，而且会冲毁农田。而在生活中失去冷静会招来更多的心理痛苦，工作上失去冷静会导致失败。谣言四起的时候，如果能够及时把谣言与事实区分开来那便是最好不过了，但是这点往往是非常难的。辟谣是必要的，但不要指望你说的事实人家会马上相信你；更不要指望把谣言统统封存起来，这是由于飞出去的故事是追不回来的。在大多数的情况下，对付谣言最好的办法不是急于澄清，而是淡然漠视。

心灵箴言

泰山崩于前而色不变。

——苏洵

不管发生什么事，都要冷静、沉着。

——[英] 狄更

一味的勇猛精进，不见得就有造就；相反，在平淡中冷静思索，倒更能解决问题。

——王小波

永不放弃，为明天播种成功

故事话题

丘吉尔一生最精彩的演讲，也是他最后的一次演讲，是在剑桥大学的一次毕业典礼上，整个会堂有上万名学生，他们正在等候丘吉尔的出现。正在这时，丘吉尔在他的随从陪同下走进了会场并慢慢地走向讲台，他脱下他的大衣交给随从，然后又摘下了帽子，默默地注视所有的听众，过了一分钟后，丘吉尔说了一句话："Never give up!"（永不放弃!）丘吉尔说完后穿上大衣，戴上帽子，离开了会场。这时整个会场鸦雀无声，一分钟后，掌声雷动。

故事解析

成功者与失败者并没有多大的区别，只不过是失败者走了九十九步，而成功者走了一百步。失败者跌下去的次数比成功者多一次，成功者站起来的次数比失败者多一次。当你走了一千步时，也有可能遭到失败，但成功却往往躲在拐角后面，除非你拐了弯，否则你将永远不可能成功。

永不放弃!永不放弃有两个原则，第一个原则是：永不放弃，第二个原则是当你想放弃时回头看第一个原则：永不放弃!

故事穿越

传说在很久很久以前，知了不会飞。一天它看见一只大雁在天空自由飞翔，很羡慕，于是就请大雁教它学飞。大雁答应了。

大雁一步一步地教它，说："你把翅膀抬起，用力扇动来练习力气，等你翅膀有力了，自然就会飞了。"过了几天，知了对这单一的动作不耐烦了，心不在焉。大雁看出了它的心思说："想要学习某样本领就要不怕苦不怕累，持之以恒，不要半途而废。"但知了对这些话一点都听不进去。大雁用了很多激将法，一会给一颗糖一会儿给一块树皮，但这只是暂时的，过了几天知了又开始不耐烦了，大雁看了，摇了摇头，飞走了。

知了艰难地爬到了树上，气喘吁吁，满头大汗。大树对知了说："你学会飞的本领，来我这就不费吹灰之力。而且可以飞遍整个森林，从这棵树飞到那棵树。"知了听了这话，不好意思地再去找到了大雁。

大雁原谅了它。又开始教它了。知了起早贪黑，不辞辛苦，一心想学会飞，它持之以恒，不怕苦不怕累，努力地学着。过了几天，它不费吹灰之力飞到树上，它能从这棵树飞到那棵树了。真的，它能飞遍整个森林。它非常高兴。不停地发出尖锐的叫声，这就是世界上第一只会飞的知了。从此以后，它的家族也有飞的本领了。

故事微语

“锲而不舍，金石可镂；锲而舍之，朽木不折。”这句名言告诉我们做人的关键在于要有恒心，目标专一，持之以恒。一个人如果要有点成就的话，就必须要有恒心，持之以恒，不能半途而废。伏尔泰曾经说过：“要在这个世界上获得成功，就必须坚持到底，剑至死都不能离手。”任何人成功之前，都会遇到许多的失意，甚至是多次的失败。如果你放弃了，你就放弃了一个成功的机会，因为轰轰烈烈的成功之前的失败，往往离成功只有一步之遥。自古以来，那些所谓的英雄，并不比普通人更有运气，只是比普通人更有坚持到最后的勇气罢了。

心灵箴言

耐心是一切聪明才智的基础。

——[古希腊] 柏拉图

伟大的作品不是靠力量，而是靠坚持来完成的。

——[英] 约翰逊

要从容地着手去做一件事，但一旦开始，就要坚持到底。

——[美] 比阿斯

控制自己，才能“掌控”别人

故事话题

在拿破仑·希尔事业生涯的初期，他发现，缺乏自制，对生活造成了极为可怕的破坏。这是从一个十分普通的事件中发现的。这个发现使拿破仑·希尔获得了一生当中最重要的一次教训。

有一天，拿破仑·希尔和办公室大楼的管理员发生了一场误会。这场误会导致了他们两人之间彼此憎恨，甚至演变成激烈的敌对状态。这位管理员为了显示他对拿破仑·希尔的不悦，当他知道整栋大楼里只有拿破仑·希尔一个人在办公室中工作时，他立刻把大楼的电灯全部关掉。这种情形一连发生了几次，最后，拿破仑·希尔决定进行“反击”。某个星期天，机会来了，拿破仑·希尔到书房里准备一篇预备在第二天晚上发表的演讲稿，当他刚刚在书桌前坐好时，电灯熄灭了。

拿破仑·希尔立刻跳起来，奔向大楼地下室，他知道可以在那儿找到这位管理员。当拿破仑·希尔到那儿时，发现管理员正忙着把煤炭一铲一铲地送进锅炉内，同时一面吹着口哨，仿佛什么事情都未发生似的。

拿破仑·希尔立刻对他破口大骂。一连 5 分钟之久，他都以比管理员正在照顾的那个锅炉内的火更热辣的词句对他痛骂。

最后，拿破仑·希尔实在想不出什么骂人的词句了，只好放慢了速度。

这时候，管理员站直身体，转过头来，脸上露出开朗的微笑，并以一种充满镇静与自制的柔和声调说道：“呀，你今天早上有点儿激动吧，不是吗？”

他的这段话就像一把锐利的短剑，一下子刺进拿破仑·希尔的身体。

想想看，拿破仑·希尔那时候会是什么感觉。站在拿破仑·希尔面前的是一位文盲，他既不会写也不会读，虽然有这些缺点，但他却在这场战斗中打败了自己，更何况这场战斗的场合以及武器，都是自己所挑选的，拿破仑的良心用谴责的手指对准了自己。拿破仑·希尔知道，他不仅被打败了，而且更糟糕的是，他是主动的，而且是错误的一方，这一切只会更增加他的羞辱。

拿破仑·希尔转过身子，以最快的速度回到办公室。他再也没有其他事情可做了。当拿破仑·希尔把这件事反省了一遍之后，他立即看出了自己的错误。但是，坦率说来，他很不愿意采取行动来化解自己的错误。

拿破仑·希尔知道，必须向那个人道歉，内心才能平静。最后，他费了很久的时间才下定决心，决定到地下室去，忍受必须忍受的这个羞辱□

拿破仑·希尔来到地下室后，把那位管理员叫到门边。管理员以平静、温和的声调问道："你这一次想要干什么？"

拿破仑·希尔告诉他："我是回来为我的行为道歉的——如果你愿意接受的话。"管理员脸上又露出那种微笑，他说："凭着上帝的爱心，你用不着向我道歉。除了这四堵墙壁，以及你和我之外，并没有人听见你刚才所说的话。我不会把它说出去的，我知道你也不会说出去的，因此，我们不如就把此事忘了吧。"

这段话对拿破仑·希尔所造成的伤害更甚于他第一次所说的话，因为他不仅表示愿意原谅拿破仑·希尔，实际上更表示愿意协助拿破仑·希尔隐瞒此事，不使它宣扬出去，对拿破仑·希尔造成伤害。

拿破仑·希尔向他走过去，抓住他的手，使劲握了握；拿破仑·希尔不仅是用手和他握手，更是用心和他握手。在走回办公室途中，拿破仑·希尔感到心情十分愉快，因为他终于鼓起勇气，化解了自己做错的事。

故事解析

在这件事发生之后，拿破仑·希尔下定了决心，以后绝不再失去自制。因为一失去自制之后，另一个人——不管是一名目不识丁的管理员还是有教养的绅士——都能轻易地将他打败。

在下定这个决心之后，希尔身上立刻发生了显著的变化，他的笔开始发挥出更大的力量，他所说的话更具分量。在希尔开始所认识的人当中，他结交了更多的朋友，敌人也相对减少了很多。这个事件成为拿破仑·希尔一生当中最重要的一个转折点。

拿破仑·希尔说：“一个人除非先控制了自己，否则他将无法控制别人。上帝要毁灭一个人，必先使他疯狂。”

故事穿越

在芝加哥一家大百货公司里，拿破仑·希尔亲眼目睹了一件事：

在这家百货公司受理顾客提出抱怨的柜台前，许多女士排着长长的队伍，争着向柜台后的那位年轻女郎诉说他们所遭遇的困难，以及这家公司不对的地方。在这些投诉的妇女中，有的十分愤怒且蛮不讲理，有的甚至讲出很难听的话。柜台后的这位年轻小姐一一接待了这些愤怒而不满的妇女，丝毫未表现出任何憎恶。她脸上带着微笑，指导这些妇女们前往相应的部门，她的态度优雅而镇静，拿破仑·希尔对她的自制修养非常惊讶。

站在她背后的是另一位年轻女郎，她在一些纸条上写下一些字，然后把纸条交给站在前面的那位女郎。这些纸条很简要地记下妇女们抱怨的内容，但省略了这些妇女原有的尖酸而愤怒的语气。

原来，站在柜台后面，面带微笑聆听顾客抱怨的这位年轻女郎是位聋人。

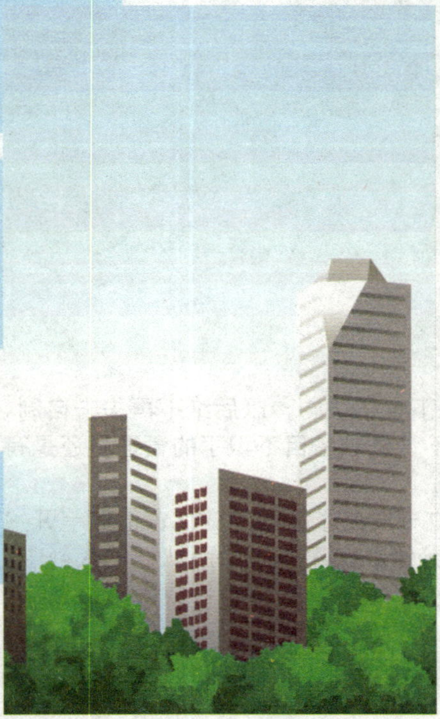

她的助手通过纸条把所有必要的事实告诉她。

拿破仑·希尔对这种安排十分感兴趣，于是便去访问这家百货公司的经理。他告诉拿破仑·希尔，他之所以挑选一名耳聋的女郎担任公司中最艰难而又最重要的一项工作，主要是因为他一直找不到其他具有足够自制力的人来担任这项工作。

拿破仑·希尔站在那儿观看那群排成长队的妇女，并且发现，柜台后面那位年轻女郎脸上亲切的微笑，对这些愤怒的妇女们产生了良好的影响。她们来到她面前时，个个像是咆哮怒吼的野狼，但当她们离开时，个个像是温顺柔和的绵羊。事实上，她们之中的某些人离开时，脸上甚至露出羞怯的神情，因为这位年轻女郎的“自制”，已使她们对自己的作为感到惭愧。

故事微语

自从拿破仑·希尔亲眼看到那一幕之后，每当对自己所不喜欢听到的评论感到不耐烦时，就立刻想起了柜台后面那名女郎的自制而镇静的神态。而且他经常这么想：每个人应该有一副“心理耳罩”，有时候可以用来遮住自己的双耳。拿破仑·希尔个人已经养成一种习惯，对于所不愿听到的那些无聊谈话，可以把两个耳朵“闭上”，以免在听到之后徒增憎恨与愤怒。生命十分短暂，有很多建设性的工作等待我们去进行，因此，我们不必对说出我们不喜欢听到的话语的每个人去进行“反击”。

要想做个极为“平衡”的人，你身上的热忱和自制必须相等而平衡。一个人在愤怒的情况下，往往会失去自制，说出他在冷静的情况下不会说出的话。

心灵箴言

能控制好自己情绪的人，比能拿下一座城池的将军更伟大。

——[法] 拿破仑

一个人如果能够控制自己的激情、欲望和恐惧，那他就胜过国王。

——[英] 约翰·米尔顿

成功的秘诀就在于懂得怎样控制痛苦与快乐这股力量，而不为这股力量所反制。如果你能做到这点，就能掌握住自己的人生，反之，你的人生就无法掌握。

——[美] 安东尼·罗宾斯

第五篇

升华心态，品尝生命甘饴的原味

一个人在历经了蚕蛹化蝶的过程之后，由被密密的蚕丝裹住的蛹，成为能够飞翔的美丽的蝶儿，那种轻盈的自如感所表现出来的，就是拥有超级好心态的一个表征。你也可以拥有超级好心态，品尝出生命甘饴的原味。

生活是一幅画卷，让我着迷，它本是一张平凡的白纸，我便似名家大师在上面随意涂沫，或是五彩缤纷，或是阴沉忧郁。生活不像徐悲鸿画的马一样奔放，不像齐白石画的虾一样细致。它是奔放而又不失细致的杰作，是那样令人着迷。

突破自我，战胜自己

故事话题

小宝从小性格就内向，自尊心也特别强，所以工作业绩一直不差。可是，最近她总以为别人时刻都在用鄙视的眼神看她、评价她，所以她担心自己会出什么差错，那样的话，会让人看不起。后来，她暗恋上了公司的某个男生，但又不敢表露出自己的爱慕，还怕别人知道这个秘密。有一次，好朋友给她开玩笑说："我知道你爱上他了，你别藏在心里啦！"她一听心里急得发慌，担心别人会对她评头论足。从此以后，她见人就躲开，不愿理会别人。有人找她聊天、玩耍，她就面红耳赤、心慌意乱，而且说话也是语无伦次，最后导致一见人就担心害怕。

故事解析

俗语说得好：“不会战胜自己的人，是胆小的懦夫。”突破自我，需要勇气，需要其顽强生命的活力。青少年朋友们，无论是健全的身躯还是残缺的臂膀；无论是优越的条件还是困窘的环境，大胆地拿出你的勇气，你的胆识，去克服困难，克服恐惧，克服失败带给你的消极情绪。不管你正在前行中，还是失意时，此刻不要再彷徨，不要再犹豫，对现在的你来说从失败中找出通向成功的途径才是最重要的。

故事穿越

他出生在一个寂静荒野的村庄上，因为贫穷，常被赶出居住地，全家人不得不经常搬家。9岁的时候，母亲因病不幸去世，生活变得更加艰难。22岁时，他失业了，很是伤心，决定参加州参议员竞选，但落选了。想进法学院学法律，但因种种原因进不去。不得不向朋友借钱经商，可不到一年就倒闭破产了，欠下了巨额外债，此后的几年里，他不得不为偿还债务到处奔波。

25岁，他再次参加州参议员竞选，竟然赢了，以为从此好运就会来了。第二年，正当他准备结婚时，未婚妻不幸去世，受到打击，为此心灰意冷，而卧病在床。

29岁，竞选美国国会议员，结果没有成功，但他没有放弃，于第二年又参加竞选美国国会议员，可还是落选了。

因为竞选赔了一大笔钱，他申请担任本州的土地官员，但申请被退了回来。几年里，接二连三的失败并没有使他气馁，而是勇敢的面对，挑战失败。过了两年，他再次竞选美国国会议员，依然遭到失败。

在他51岁时，1860年，他终于当选为美国总统。他就是一个令全世界都为之叹服的伟人——美国第十六任总统，亚伯拉罕·林肯。他战胜了生命中接踵而来的各种挫折与不幸，最终战胜了自己，登上了人生理想的高峰。

故事微语

鲁迅先生说：“人生的旅途，前途很远，也很暗，然而不要怕，不怕的人面前才有路。”的确，在通往成功的道路上，不乏荆棘和陷阱，到处都有困难和坎坷。有些人遭到了一次次失败，便把它看成拿破仑的滑铁卢，从此一蹶不振。而对于一心要取胜、立志要成功的人来说，一时的失败并不是永远的结局，在每次遭到失败后重新地站起，要比以前更有坚强的毅力和决心向前努力，不达目的决不罢休。

布伦克特说：“只要不让年轻时美丽的梦想随着岁月飘逝，成功总有

一天会出现在你面前。”要坚持你的梦想，不要退缩，成功并不是海市蜃楼，那是黎明前的黑暗，因为阳光总在风雨后，请相信有彩虹！坚持自己的梦想，成功就在你的前头！

纵观古今中外的成功人士举不胜举，司马迁虽然身受宫刑，但仍不屈不挠，凭着顽强的毅力完成了巨著《史记》；海伦自小双目失明，饱受病魔缠身，但她自强不息的精神促使她写下了一部又一部脍炙人口的文学著作……战胜自己说起来容易，但是真正地做起来要比战胜别人难的多，因而战胜自己，就要有坚韧不拔的意志，要有根深蒂固的信念，要有在逆境中成长的信心，要有在风雨中磨练的决心。不要时时刻刻把战胜别人看得太重要，最大的胜利便是战胜自己。战胜自己并非易事，所以，中学生朋友们要加强培养战胜自己的目标、决心、能力及克服困难的勇气。

心灵箴言

所有胜利的第一条件，是要战胜自己。

——[芬兰] 西兰帕

一个人能在战场上制胜千军，但只有战胜自己才是最伟大的胜利者。

——[印度] 尼赫鲁

在别人藐视的事中获得成功，是一件了不起的事，因为它证明不但战胜了自己，也战胜了别人。

——[加] 蒙特兰

确立志向，点亮人生前进的灯塔

故事话题

唐朝著名学者陆羽，从小是个孤儿，被智积禅师抚养长大。陆羽虽身在庙中，却不愿终日诵经念佛，而是喜欢吟读诗书。陆羽执意下山求学，遭到了禅师的反对。禅师为了给陆羽出难题，同时也是为了更好地教育他，便叫他学习冲茶。在钻研茶艺的过程中，陆羽碰到了一位好心的老婆婆，不仅学会了复杂的冲茶的技巧，更学会了不少读书和做人的道理。当陆羽最终将一杯热气腾腾的苦丁茶端到禅师面前时，禅师终于答应了他下山读书的要求。后来，陆羽撰写了广为流传的《茶经》，把祖国的茶艺文化发扬光大！

故事解析

李白说：“大丈夫一定有闯荡天下的志向。”刘炎说：“君子的志向是造福天下，小人的志向是荣耀自身。”齐国的王子垫问孟子：“士人做些什么？”孟子回答说：“士人总是使自己志行高尚。”曾国藩说：“人才以志气为根本。”谢良佐说：“做人应该立志。立志以后，做人做事就都有了依靠。比如树木，必须首先有树根，然后对它细心培养、浇灌，这棵树日后才能成长为栋梁之材。”凡夫俗子之所以是凡夫俗子，就是没有树立远大的志向，那些小有志向的人，他们毕生追求的也只是局限在升官发财和吃好穿好之上，这样的人，即使能当大官、发大财，或者享受着一时的荣华富贵，但是对人生的意义没有丝毫的感悟，最终依然浑浑噩噩、庸庸碌碌。

故事穿越

吉米是一个铁路工人，一天，从一列豪华列车上走下来一个人，他对着吉米喊起来：“吉米，是你吗？”吉米抬头说：“是我，迈克，见到你真高兴。”于是，吉米和迈克——吉米工作的这条铁路的总裁，进行了愉快的交谈。半小时后，迈克走了。吉米的同事都围了上来，他们对于吉米是迈克铁路公司总裁的朋友这一点感到十分震惊。吉米告诉他们，十多年前他和迈克是在同一天开始为这条铁路工作的。有个同事问：“为什么你现在还在这里工作，而迈克却成了总裁呢？”吉米忧伤地说：“我每天都在为 80 美元的工资工作，迈克从开始就立志为这条铁路工作。”

故事微语

做人要立志，要树立超人超世的大志向，要树立改造天地、创造历史的大志向。人秉承天地的灵气生存生活，就应该对天地、对人类、对历史、对父母、对家庭有所奉献。这种奉献，不是吃喝穿戴、生儿育女能完成得了的。所以说，立志是做人的第一件大事。卡耐基说：“朝着一定目标走去是‘志’，一鼓作气中途绝不停止是‘气’，两者结合起来就是志气。一切事业的成败都取决于此。”还是小时候，我们的长辈就要求我们做人要有志气，做事要有志向。做人要有志气，是因为立志是做人的根本，也是做人的力量；做事要有志向，是因为立志是做事的目标，也是做事的道理。我们要做一个顶天立地的人，首先就要树立顶天立地的志向。立志做大人，就要以圣贤为追求的目标；立志做大事，就要以英雄为追求的目标；立志求富贵，就要以名利为追求的目标；立志求温饱，就要以衣

食为追求的目标。想做圣人，就要有圣人的理想；想做英雄，就要有英雄的理想。志向和理想，能引导我们奋发向上，能提高我们的人格、精神品德和地位，使我们虽身处尘世却能超越尘世，从而创造成功，不被滚滚红尘淘汰、淹没，留下遗憾。

做人立定志向，将来才有路可走。雄图大志，是成就伟大事业的基础。世间没有不立下志向，而做事能成功的人。一切才智、自信和勇敢，都以雄图大志为根本。王阳明说：“不肯树立志向，做事就不能成功”；“没有志向，就仿佛没有轮舵的航船，没有缰绳的奔马，随风飘荡，任意驰骋，永远都不会到达终点”。做人，只有立志，立天下第一等大志，立志以天下为己任，才能成大业、立大功。古往今来的圣贤、豪杰，做人都以方方正正的志向为根本。

心灵箴言

穷且益坚，不坠青云之志。

——王勃

老骥伏枥，志在千里；烈士暮年，壮心不已。

——曹操

路是脚踏出来的，历史是人写出来的。人的每一步行动都在书写自己的历史。

——吉鸿昌

不懈追求，要善用你的企图心

故事话题

1949 年，一位 24 岁的年轻人充满自信地走进美国通用汽车公司，应聘做会计工作。他来应聘的原因只是因为他的父亲曾经说过“通用汽车公司是一家经营良好的公司”，并建议他去看一看。

在面试的时候，他的自信使助理会计检察官印象十分深刻。当时只有一个空缺，而面试的人告诉他那个职位十分艰苦难做，一个新手可能很难应付得来。但他当时只有一个念头，就是进入通用汽车公司，展现他足以胜任的能力与超人的规划能力。

当面试官在雇佣这位年轻人之后，曾对他的秘书说过，“我刚刚雇用了一个想当通用汽车董事长的人”。

这位年轻人就是通用汽车前董事长罗杰·史密斯。罗杰刚进公司的第一位朋友阿特·韦斯特回忆说：“合作的一个月中，罗杰正经地告诉我，他将来要成为通用汽车的总裁。”正如罗杰所愿，32 年之后，他成了通用的董事长。

故事解析

每个人都渴望成功，都企图成功。你的企图心，决定了你的成功与否，决定了你成功的高度。

成功意味着太多美好的事物，成功意味着个人的欣欣向荣；成功意味着更好地享受生活和生命；成功意味着自由，免于各种烦恼、恐惧、挫折、失意、落寞与压迫；成功意味着追求生命中更多的快乐与满足，意味着胜利，意味着最大限度地实现自我价值。

每个人都希望自己是个成功者。没有人喜欢终日唯唯诺诺，看别人脸色行事；没有人喜欢成为一个可有可无的二流角色，受人摆布，平庸地度过一生。可以说，每个人来到世上就是为了成功，就是为了不断成长，不断向高处前进。

然而事实上，成功者只是少数，更多的人似乎没有成功，终其一生都过着普通人的生活，早早地就丢失了成功的企图心，永远也没有找到通往成功的路。他们哀叹，痛苦，彷徨……

人们费尽心机，到处寻求金钱和财富，却对自身的宝藏茫然无知。其实，每个人都有成功的能力与天赋，关键就看你是善加运用还是束之高阁。信念、自尊、勇气、坚忍、乐观、希望……就像一粒粒金色的种子。将这些种子植于心中，生活将随之萌芽发展；每天耕耘这方心田，幸福、美满、富足与成功就会充满你的人生。

故事穿越

在一群智力与年龄都相近的青年中进行了一次关于人生目标的调查，结果发现：3%的人有十分清晰的长远目标；10%的人有清晰但比较短期的目标；60%的人只有一些模糊的目标；27%的人根本没有目标。

25 年后，哈佛大学再次对他们做了跟踪调查，结果令人十分吃惊！

那 3%的人全部成了社会各界的精英，行业领袖；那 10%的人都是各专业各领域的成功人士，生活在社会的中上层，事业有成；那 60%的人大部分生活在社会中下层，胸无大志，事业平平；那 27%的人过得很不如意，工作不稳定，入不敷出，常常抱怨社会，抱怨政府，怨天尤人。

故事微语

如果我们回溯历史，就会更加明显地感受到这个道理。成就，永远是由那些拥有崇高志向的人创造的。像莱特兄弟一样伟大的发明家，或者像曼德拉这样的社会改革家，他们都以追求卓越为自己的终身目标。是目标将他们推升到金字塔的顶部。

挡住年轻人前进步伐的，不是贫穷或者困苦的生活环境，而是内心对自己的怀疑。如果有了坚定不移的目标，即使贫穷到买不起一本书，仍然可以通过借阅来获得知识。我们无法想象一个胸无大志的人会创造一番业绩，我们也同样无法想象一个像林肯、威尔逊或李嘉诚一样的人，会埋没在茫茫人海中。他们经历过一次次的失败，但是因为有梦想，从不放弃努力。梦想，造就了他们强烈的内动力，也造就了他们成功的人生。

心灵箴言

企图心是我看人的第一条件。

——陈富宝

远大的目标非常重要，一定要有成功的企图心，而且越大越好。

——陈安之

成功的十大要素：决心、爱心、企图心、主动、学习、热情、自信、自律、坚持、顽强。

——陈安之

敞开心扉，心理高度与行为高度

故事话题

有这么一个经典的实验，很好地说明了“心理高度”现象。

实验者往一个玻璃杯中放进一只跳蚤，发现跳蚤立即跳了出来。再重复几遍，结果还是一样。根据测试，跳蚤跳的高度一般可达它身体的400倍左右，所以说跳蚤可以称得上是动物界的跳高冠军。

接下来实验者再次把这只跳蚤放进杯子里，不过这次是立即同时在杯上加一个玻璃盖，“嘣”的一声，跳蚤重重地撞在玻璃盖上。跳蚤十分困惑，但是它不会停下来，因为跳蚤的生活方式就是“跳”，一次次被撞后，

跳蚤开始变得聪明起来了，它开始根据盖子的高度来调整自己所跳的高度。再一阵子以后呢，发现跳蚤再也没有撞击到这个盖子，而是在盖子下面自由地跳动。

一个小时后，实验者开始把这个盖子轻轻拿掉，跳蚤不知道盖子已经去掉了，它还是在原来的这个高度继续地跳；三个小时后，发现这只跳蚤还在那里跳。

一天以后发现，这只可怜的跳蚤还在这个玻璃杯里不停地跳着——其实它已经无法跳出这个玻璃杯了。

故事解析

难道跳蚤真的不能跳出这个杯子吗？绝对不是。问题在于只是经过几次碰撞，它心里面已经默认了这个杯子的高度是自己无法逾越的。

在职业发展过程中，有许多人也在过着这样的“跳蚤人生”，屡屡去尝试成功，但是往往事与愿违，屡屡失败。几次失败以后，便开始不是抱怨这个世界不公平，就是怀疑自己的能力，他们不是不惜一切代价去追求成功，而是一再地降低成功的标准——即使原有的一切限制已取消。就像那个“玻璃盖”，虽然被取掉，但他们早已经被撞怕了，不敢再跳，或者已习惯了，不想再跳了。结果，就有相当一部分人往往因为害怕成功高度的限制，而甘愿忍受失败者的生活。

很多人不敢去追求成功，不是追求不到成功，而是因为他们的心里面也默认了一个“心理高度”，这个高度常常暗示自己的潜意识：去这家公司是不可能的，这个是没有办法做到的。

可见，在职业发展过程中，若能够摆脱“心理高度”的限制，冲破常人望而却步的“心理制高点”，那么我们的职业发展空间和成功率将会很大。

故事穿越

鲦鱼是鲮鱼口中的美味，它们一被鲮鱼发现，总是逃不脱被吃掉的厄运。科学家将这两种鱼分别取来几条，放置在狭长鱼缸的两端。鲮鱼看到鲦鱼，迫不及待地冲了上去，却被科学家放置在鱼缸中间的玻璃板所阻隔，碰了一鼻子灰却无法吃到眼皮子底下的鲦鱼。鲮鱼并不甘心，它们一次次地尝试着冲过玻璃板，去吃鲦鱼，理所当然地都以失败告终。一天后，科学家悄悄地撤去了横在两种鱼中间的玻璃板，鲦鱼却片鳞未损、安然无恙——鲮鱼已经失去了再冲最后一次的勇气。

故事微语

人有些时候也正如这条鲮鱼。很多人不敢去追求成功，不是追求不到成功，而是因为他们的心里面也默认了一个“障碍”，这个障碍常常暗示自己的潜意识：成功是不可能的，这是没有办法做到的。

“心理高度”是人无法取得成就的根本原因之一。

要不要冲？能不能冲出这个障碍？能有多大的成功？这一切问题的答案，并不需要等到事实结果的出现，而只要看看一开始每个人对这些问题是如何思考的，就已经知道答案了。

所以不要自我设限。每天都大声地告诉自己：我是最棒的，我一定会成功！

心灵箴言

本来无望的事，大胆尝试，往往能成功。

——[英] 莎士比亚

宁可在尝试中失败，也不在保守中成功！

——杨澜

应该进行超越能力的攀登，否则天空的存在又有何意义？

——[美] 勃朗宁

学会“认输”，审时度世能屈能伸

故事话题

吴王阖闾打败楚国，成了南方霸主。吴国跟附近的越国(都城在今浙江绍兴)素来不和。公元前 496 年，越国国王勾践即位。吴王趁越国刚刚遭到丧事，就发兵打越国。吴越两国在槜李(今浙江嘉兴西南，槜 zuì)地方，发生一场大战。

吴王阖闾满以为可以打赢，没想到打了个败仗，自己又中箭受了重伤，再加上上了年纪，回到吴国，就咽了气。

吴王阖闾死后，儿子夫差即位。阖闾临死时对夫差说：“不要忘记报越国的仇。”夫差记住这个嘱咐，叫人经常提醒他。他经过宫门，手下的人就扯开了嗓子喊：“夫差！你忘了越王杀你父亲的仇吗？”

夫差流着眼泪说：“不，不敢忘。”他叫伍子胥和另一个大臣伯嚭(pǐ)操练兵马，准备攻打越国。过了两年，吴王夫差亲自率领大军去打越国。越国有两个很能干的大夫，一个叫文种，一个叫范蠡(lí)。范蠡对勾践说：“吴国练兵快三年了。这回决心报仇，来势凶猛。咱们不如守住城，不要跟他们作战。”

勾践不同意，也发大军去跟吴国人拼个死活。两国的军队在太湖一带打上了。越军果然大败。越王勾践带了五千个残兵败将逃到会稽，被吴军围困起来。勾践弄得一点办法都没有了。他跟范蠡说：“懊悔没有听你的话，弄到这步田地。现在该怎么办？”

范蠡说：“咱们赶快去求和吧。”勾践派文种到吴王营里去求和。文种在夫差面前把勾践愿意投降的意思说了一遍。吴王夫差想同意，可是伍子胥坚决反对。

文种回去后，打听到吴国的伯嚭是个贪财好色的小人，就把一批美女和珍宝，私下送给伯嚭，请伯嚭在夫差面前讲好话。经过伯嚭在夫差面前一番劝说，吴王夫差不顾伍子胥的反对，答应了越国的求和，但是要勾践亲自到吴国去。

文种回去向勾践报告了。勾践把国家大事托付给文种，自己带着

夫人和范蠡到吴国去。勾践到了吴国，夫差让他们夫妇俩住在阖闾的大坟旁边一间石屋里，叫勾践给他喂马。范蠡跟着做奴仆的工作。夫差每次坐车出去，勾践就给他拉马，这样过了两年，夫差认为勾践真心归顺了他，就放勾践回国。

勾践回到越国后，立志报仇雪耻。他唯恐眼前的安逸消磨了志气，在吃饭的地方挂上一个苦胆，每逢吃饭的时候，就先尝一尝苦味，还自己问：“你忘了会稽的耻辱吗？”他还把席子撤去，用柴草当作褥子。这就是后来人传诵的“卧薪尝胆”。

故事解析

正如上文故事中的越王勾践，能够像他一样卧薪尝胆学会认输的人在我们生活中很少见，甚至某些人不屑一顾，认为学不学无关紧要。但是事实上，我们每一个人都应该学，不但要学，还要学好。那学会认输是什么呢？如果一个人的头脑里经常涌现出这些词语：勇往直前、前赴后继、百折不回……那么，他就要学会认输。学会认输，就是在攀登一座悬崖峭壁而遇到极其难的危险，甚至有生命危险的时候，要敢于退缩，果断的认输，不再希望自己攀登至高峰。因为只有笨蛋和傻瓜才会在那危险的时候拿自己的生命开玩笑，并相信一定能成功。

当然，大多数人在危险的时候会果断地退回，而另辟道路登至高峰。但是，在实际生活中，这样的人却少之又少。设想一下，如果你是一个攀登职业者，攀登上此峰后，又会给你带来许多名誉、金钱和荣誉，在那时，你又是否会舍得错过这次机会呢？学会认输，就是在掉进一个陷阱后，知道及时爬起来，并且想办法离开那个陷阱。

故事穿越

2002 年，荷莉贝瑞打败众女星，得到奥斯卡金像奖影后，不久后，她却因为在电影《猫女》中，被认为“只会卖弄身材，毫无演技”，成为“金酸莓奖”的最烂女主角入围人选之一。举办了二十多年的“金酸莓奖”，每年都由评审们选出他们认为演技最烂的男女主角，却很少有人愿意出席领奖，因此大家都认为，荷莉贝瑞八成也不会出席。

没想到，荷莉贝瑞不但盛装出席，当主持人宣布她的名字的时候，还假装一副不可思议的惊讶，双手抱头，然后兴奋地说：“天啊！真想不到是我得奖！”随后，带着她所得到的奥斯卡最佳女主角奖杯上台，她的举动让现场的来宾与媒体几乎都笑翻了。

接过金酸莓奖之后，大家都很想知道她会说哪些话，只见荷莉贝瑞说：“各位评审委员们，辛苦了。既然我得到了这个奖，我也要跟我的经纪人分享。”当她的经纪人上台之后，荷莉贝瑞告诉经纪人：“下次接片子的时候，记得帮我挑一部好一点的片子，不要选这么烂的剧本。”全场又是哄堂大笑。

接著，荷莉换上了正经的表情说：“从小，我的妈妈就告诉我，想赢，要先认输，输了就输了，一个不敢接受失败的人，也没有权利接受成功的机会。”荷莉的一番话，激励了在场的来宾，也广受媒体的喝彩，隔天，几乎各大报的头版都是她的版面，荷莉因此抢尽风头。

故事微语

有句话说“哪怕明天是世界末日，今天也还是要种苹果树”，遇到不如意的时候，光抱怨并不会让事情更好，但接受事实之后，往往可以找出另一道出口——荷莉贝瑞就是一个最好的例子！

学会认输，就是上错了公共汽车时，及时地下车，另外坐一辆车。这也好懂，只是人们这样的行为，一旦不是在公共汽车上出现，自己就不太愿意下车了。比方说，如果是一桩婚姻，一个写了一半的剧本，一个正从事的发明，难！于是就努力向售票员证明是他的错，是他没有阻止自己登上汽车；于是就努力说服司机改变行车路线，教育他向着自己的正确路线前进；于是就下决心消灭这辆汽车，因为消灭一个错误是件伟大的事业；于是说坚持坐到底，因为在999次失败后也许就是最后的成功。

学会认输应该是最基本的生活常识，泥塘教过我们，蚊子和狗也教过我们，只是我们一离开这些“老师”，就不愿意从上错了的车上走下来。人生的道路上，我们常常被高昂而光彩的词汇弄昏了头，不要以不屈不挠、百折不回的精神坚持死不认输，从而输掉了自己。

心灵箴言

世界上一成不变的东西，只有“任何事物都是在不断变化的”这条真理。

——谚语

进步，意味着目标不断前移，阶段不断更新，它的视野总是不断变化的。

——[法] 雨果

人，只要有一种信念，有所追求，什么艰苦都能忍受，什么环境也都能适应。

——丁玲

心灵榜样微史话

奥古斯丁

奥古斯丁亦作希坡的奥古斯丁，天主教译“圣思定”、“圣奥斯定”、“圣奥古斯丁”。

他是古罗马帝国时期天主教思想家，欧洲中世纪基督教神学、教父哲学的重要代表人物。在罗马天主教系统，他被封为圣人和圣师，并且是奥斯定会的发起人。对于新教教会，特别是加尔文主义，他的理论是宗教改革的救赎和恩典思想的源头。

奥古斯丁是教父思想的集大成者。他的著作堪称神学百科全书。在这些卷帙浩繁的著作中，《忏悔录》《论三位一体》《上帝之城》可算作代表作，包含不少哲学论述。

稻盛和夫

稻盛和夫，生于日本鹿儿岛县。1955 年毕业于鹿儿岛大学工学部，曾就职于生产高压电流绝缘体的“松风工业”。1959 年，在京都设立“京都陶瓷”公司(现为“京瓷”)，起初员工仅有 28 人。10 年后，公司在日本的股票市场上市交易。公司依靠着在新型陶瓷材料领域的先进技术，逐渐成长为全球大公司。1984 年，稻盛和夫设立电信公司“第二电电”（英文缩写为 DDI，是日本大电信公司 KDDI 的前身之一）。

稻盛和夫的释义是涵盖了生活态度、哲学、思想、伦理观等因素人格。痛惜战后的日本以选择聪明才辩型的人做领导为潮流，忽略了道德规范和伦理标准，导致政界、商界丑闻频发。他建议领导者的选拔标准是德要高于才，也就是居人上者，人格第一，勇气第二，能力第三。

他指出热爱是点燃工作激情的火把。无论什么工作，只要全力以赴去做就能产生很大的成就感和自信心，而且会产生向下一个目标挑战的积极性。成功的人往往都是那些沉醉于所做的事的人。

笛卡儿

勒内·笛卡儿，生于法国安德尔-卢瓦尔省的图赖讷拉海，1650 年 2 月 11 日逝世于瑞典斯德哥尔摩，是法国著名的哲学家、数学家、物理学家。他是西方近代资产阶级哲学奠基人之一。

笛卡儿对现代数学的发展做出了重要的贡献，因将几何坐标体系公式化而被认为是解析几何之父。他还是西方现代哲学思想的奠基人，是近代唯物论的开拓者且提出了“普遍怀疑”的主张。他的哲学思想深深影响了之后的几代欧洲人，开拓了所谓“欧陆理性主义”哲学。人们在他的墓碑上刻下了这样一句话：“笛卡儿，欧洲文艺复兴以来，第一个为人类争取并保证理性权利的人。”

笛卡儿认为科学的本质是数学。他说“我尤其对数学推理的确实性与明了性感到高兴。”他强调科学的目的在于“造福人类”，使人成为自然界的“主人和统治者”。

高斯

德国著名数学家、物理学家、天文学家、大地测量学家。和阿基米德、牛顿、欧拉同享盛誉，是近代数学奠基者之一，18 岁时发现了质数分布定理和最小二乘法。通过对足够多的测量数据的处理后，可以得到一个新的、概率性质的测量结果。在这些基础之上，高斯随后专注于曲面与曲线的计算，并成功得到高斯钟形曲线（正态分布曲线）。其函数被命名为标准正态分布（或高斯分布），并在概率计算中大量使用。

高斯开辟了许多新的数学领域，从最抽象的代数数论到内蕴几何学，都留下了他的足迹。从研究风格、方法乃至所取得的具体成就方面，他都是 18—19 世纪之交的中坚人物。如果把 18 世纪的数学家想象为一系列的高山峻岭，那么最后一个令人肃然起敬的巅峰就是高斯；如果把 19 世纪的数学家想象为一条条江河，那么其源头就是高斯。

达·芬奇

列昂纳多·达·芬奇，又译莱昂纳多·达·芬奇、李奥纳多·达·芬奇，是意大利文艺复兴时期的一个博学者：除了是画家，他还是雕刻家、建筑师、音乐家、数学家、工程师、发明家、解剖学家、地质学家、制图师，植物学家和作家。他的天赋或许比同时期的其他人物都高，这使他成为文艺复兴时期人文主义的代表人物，也使得他成为文艺复兴时期典型的艺术家，也是历史上最著名的画家之一，与米开朗基罗和拉斐尔并称文艺复兴三杰。

孔子

孔子（前 551—前 479），华夏族，孔氏，子姓，名丘，字仲尼。祖籍宋国，春秋末期鲁国陬邑人。孔子是春秋末期著名的思想家、政治家、教育家，为儒家学派的创始人，开创了私人讲学的风气。

孔子被誉为“天纵之圣”“天之木铎”，是当时社会上的最博学者之一，被后世统治者尊为孔圣人、至圣、至圣先师、万世师表、文宣皇帝、文宣王，是“世界十大文化名人”之首。孔子的主要思想主张：以德教化人民、以礼治理国家。

相传他有弟子三千，贤弟子七十二人，曾带领部分弟子周游列国。修订《诗》《书》《礼》《乐》，序《周易》，撰写《春秋》。孔子去世后，其弟子及其再传弟子把孔子及其弟子的言行语录和思想记录下来，整理编成著名的儒家学派经典《论语》。其儒家思想对中国和世界都有深远的影响，世界各地都有孔庙祭祀孔子。

周恩来

周恩来，字翔宇，曾用名伍豪等，原籍浙江绍兴，生于江苏淮安。伟大的马克思列宁主义者，中国无产阶级革命家、政治家、军事家、外交家，中国共产党和中华人民共和国的主要领导人，中国人民解放军主要创建人和领导人。他是以毛泽东同志为核心的党的第一代中央领导集体的重要成员，在国际上也享有很高威望。

周恩来说：“人是应该有理想的，没有理想的生活会变成盲目。”他在确立共产主义信仰之时就说过：“我认的主义一定是不变了，并且很坚决地要为他宣传奔走”。他始终对党的事业、对社会主义中国的光明前途、对振兴中华民族的伟大事业，充满必胜的信心，无论遇到什么样的艰难困苦，从不动摇。他说：“共产党人就是为不断克服困难，继续前进而存在的。畏难苟安，不是共产党人的品质。”他在确立革命理想信念的过程中，既有追求真理的强烈愿望，又有深思熟虑的理性思考；既重视对科学理论的学习和研究，又注重在实践中运用和发展科学理论；既注意学习马克思主义的先进理论，又注意吸取中华民族的文化精华，他的革命理想信念是建立在理性自觉的基础之上的，因此是坚如磐石的。他以自己的实际行动实践了“在任何艰难困苦的情况下，都要以誓死不变的精神为共产主义奋斗到底”的誓言。

邓亚萍

邓亚萍，1973 年 2 月 6 日出生于河南郑州，已退役女子乒乓球队运动员。

5 岁起开始打球，1983 年入河南省队，1988 年进入国家队。其运动生涯中，获得过 18 个世界冠军，连续两届 4 次奥运会冠军，成为第一位蝉联奥运会乒乓球金牌的运动员。被誉为“乒乓皇后”，2001 年北京申奥团成员之一，北京申奥形象大使。

邓亚萍 16 岁时就夺得了首个世界冠军。从 1989 年到 1997 年，她获得了 6 次世界乒乓球锦标赛冠军和 4 枚奥运会金牌。早期打球时的口头禅是：“漂亮！”

1997 年退役之后，在清华大学获得学士学位，诺丁汉大学获得硕士学位。并成为国际奥委会道德委员会的一名代表。2003 年，邓亚萍入选国际乒联名人堂。2008 年获得英国剑桥大学的经济学博士学位。后在北京奥组委市场开发部供职，职务是北京奥组委奥运村部副部长。

汪中求

汪中求，华商学习网特约讲师，江西九江人，毕业于九江学院中文系，深造于清华大学继续教育学院，当过 3 年农民，上过 5 年讲台，干过 2 年秘书。1992 年进入商界，先后就职于香港恒雅（深圳）公司、清华同方、泰豪科技等知名企业。14 年的企业生涯，从业务员做起，片区经理、分公司经理、企划部经理、营销总监、总经理逐阶而上，足迹遍布 28 个省、市、自治区，审定和签订了超过 2000 份合同协议。现任北京博士德文化发展有限公司首席管理顾问，北京汪中求细节管理咨询有限公司董事长、首席咨询师。

心灵修养用语微解

沉静：1. 安静，寂静，没有动静。

2.（性格、心情、神色等）安静；平静。稳重，镇静，不慌张。

三小姐陈文婕今年才十五岁，性子又温柔，又沉静，人人称赞。——欧阳山《三家巷》

突破：集中兵力向一点进攻或反攻，打开缺口。 吴运铎《把一切献给党·我们的平射炮》：“一九四三年夏天，在江南坚持战斗的六师兵工厂一部分同志，突破敌人的重重封锁，来到了淮南 。”

2. 冲破；超过。杨朔《迎春词》：“不突破风雪重围，春天是永远不会诞生的。”沙汀《柳永慧》：“让我们来突破你的八百方吧！”

执着：指对某一事物坚持不放，不能超脱。《百喻经·梵天弟子造物因喻》：“诸外道见是断常事已，便生执著，欺诳世间作法形象，所说实是非法。” 唐·白居易《传法堂碑》：“凡夫无明，二乘执著。”

专注：专心注意、精神贯注、心神专一。专心注意。 清·陈廷焯《白雨斋词话》卷八：“盖兵贵精不贵多，精则有所专注，多则散乱无纪。” 柔石《二月》四：“他翻起一首极艰深的歌曲，他两眼专注地看在乐谱上。”

入迷：喜欢或专注某种事物到了沉迷的程度。郭小川《山中》 诗八：“我爱在那繁杂的事务中冲撞，为公共利益的争吵也使我入迷。” 柯岩《奇异的书简·她爱祖国的明天》：“这位工人师傅，也听得入迷了，一直谈到后半夜。”

消极：与“积极”相对。否定的；反面的；阻碍发展的。 郭沫若《洪波曲》第五章三：“从积极方面来说，歌咏可以团结自己的力量。从消极方面来说，歌咏可以涣散敌人的军心。” 老舍《黑白李》：“那是消极的割舍，并非由自己身上拿出什么来。” 浩然《艳阳天》第九三章：“大伙认为，除了那些坏分子， 孙桂英 这一些游手好闲的人也是一种消极因素。”

热爱：热烈地爱。多用来形容爱的程度很深。情愿全身心投入地爱，激情四射，充满幸福的幻想，去奋斗、去付出，享受其中过程(即使是酸甜苦辣)，即使没有回报也不后悔。尤其在遇到阻力、挫折时，才显出什么是真正热爱。

激励：同勉励一意。激励也是人力资源的重要内容，是指激发人的行为的心理过程。激励这个概念用于管理，是指激发员工的工作动机，也就是说用各种有效的方法去调动员工的积极性和创造性，使员工努力去完成组织的任务，实现组织的目标。

端正：正直不邪。《庄子•天地》：“端正而不知以为义，相爱而不知以为仁。”成玄英疏：“端直其心，不为邪恶。”《汉书•霍光传》：“每出入下殿门，止进有常处；郎仆射窃识视之，不失尺寸：其资性端正如此。” 宋•梅尧臣《和元之述梦见寄》：“始知端正心，寐语尚不诳。”《清史稿•惠端亲王绵愉传》：“ 同治二年， 穆宗典学，太后以绵愉行辈最尊、品行端正，命在弘德殿专司督责。”

见异思迁：出自先秦•管仲《管子•小匡》：“少而习焉，其心安焉，不见异物而迁焉。”指看见更加新奇的事物就改变原来的主意，意志不坚定，喜好不专一。

坚持不懈：懈：松懈。谓坚持到底，一点不松懈。形容做事持之以恒。出自《清史稿•刘体重传》：“煦激励兵团，坚持不懈，贼穷蹙乞降，遂复濮州。”《伟大的悲剧》：“到中午，这五个坚持不懈的人已经走了 14 公里。”

持之以恒：谓有恒心，持续不间断，老是那么一股劲地进行。语出清•曾国藩《家训喻纪泽》：“尔之短处，在言语欠钝讷，举止欠端重，看书不能深入，而作文不能峥嵘。若能从此三事上下一番苦工，进之以猛，持之以恒，不过一二年，自尔精进而不觉。”京剧《串龙珠》：“男勤耕女勤织各务其正，休荒嬉莫堕落持之以恒。”